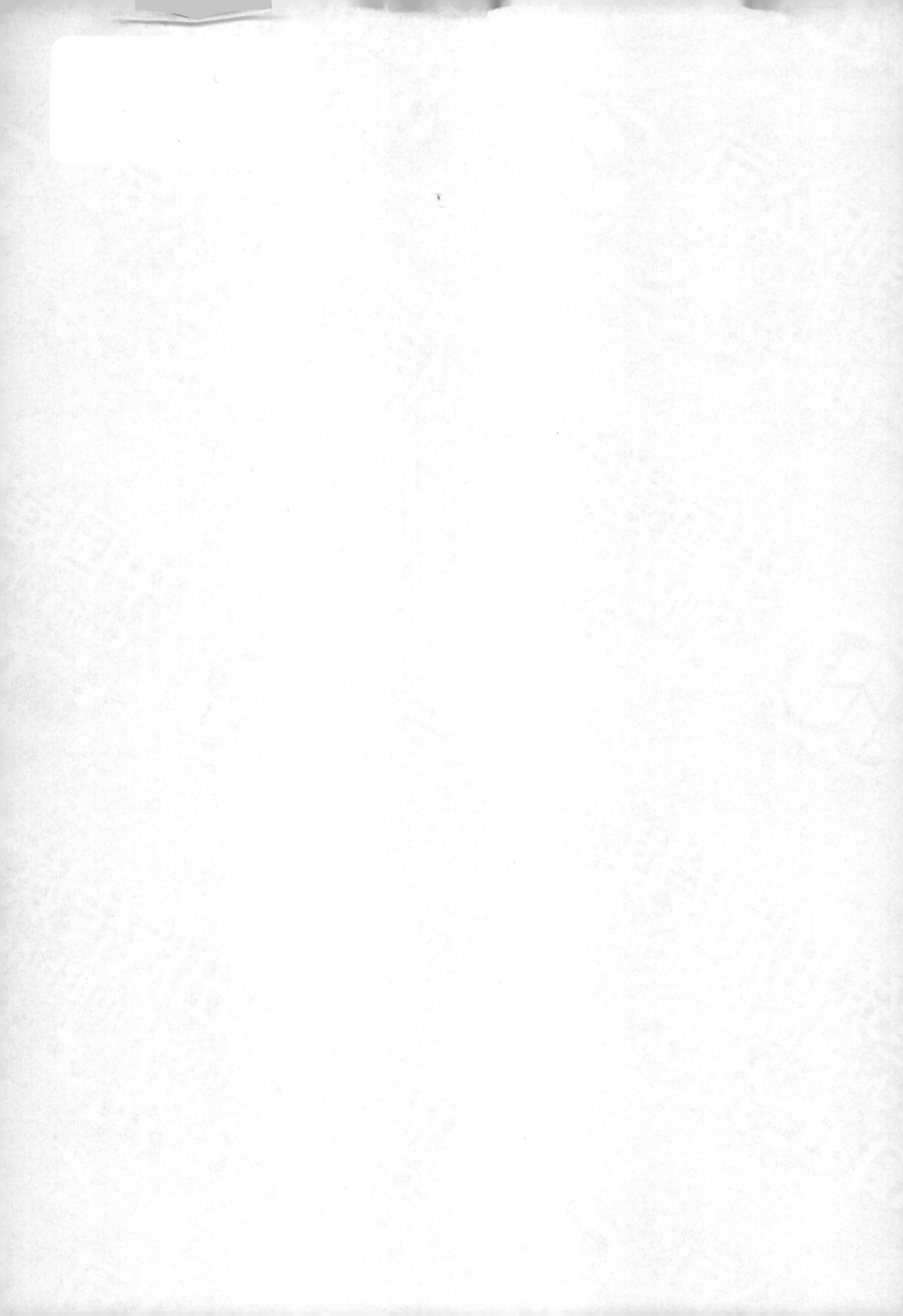

人民防空工程设计百问百答丛书暨人防工程技术人员培训教材
总 顾 问　钱七虎
总 主 编　郭春信　王晋生
副总主编　陈力新
总 主 审　李刻铭

人民防空工程给水排水设计百问百答

丁志斌　主　编
张晓蔚　徐　枞　副主编
陈宝旭　主　审

中国建筑工业出版社

图书在版编目（CIP）数据

人民防空工程给水排水设计百问百答 / 丁志斌主编；
张晓蔚，徐杕副主编 . — 北京：中国建筑工业出版社，
2022.8（2023.9 重印）
人民防空工程设计百问百答丛书暨人防工程技术人员
培训教材 / 郭春信，王晋生总主编
ISBN 978-7-112-27829-9

Ⅰ . ①人… Ⅱ . ①丁… ②张… ③徐… Ⅲ . ①人防地
下建筑物—给水排水系统—建筑设计—问题解答 Ⅳ .
① TU927-44

中国版本图书馆 CIP 数据核字（2022）第 160611 号

　　本书是《人民防空工程给水排水设计百问百答》分册，包括人防基础知识、给水排水系统防护、
给水系统、排水系统、洗消、柴油电站给水排水及供油、消防、平战转换共 8 章 240 个问题及资料性
附录。本书主要按现行《人民防空地下室设计规范》GB 50038 等规范，结合工程实际和基础理论对设
计问题进行了解答。对规范要求不够明确的问题，也提出了一些较为合理的建议。

责任编辑：吕　娜　齐庆梅
责任校对：姜小莲

人民防空工程设计百问百答丛书暨人防工程技术人员培训教材
总 顾 问　钱七虎
总 主 编　郭春信　王晋生
副总主编　陈力新
总 主 审　李刻铭
人民防空工程给水排水设计百问百答
丁志斌　主　编
张晓蔚　徐　杕　副主编
陈宝旭　主　审
*
中国建筑工业出版社出版、发行（北京海淀三里河路 9 号）
各地新华书店、建筑书店经销
北京雅盈中佳图文设计公司制版
建工社（河北）印刷有限公司印刷
*
开本：787 毫米 ×1092 毫米　1/16　印张：11　字数：258 千字
2022 年 11 月第一版　2023 年 9 月第二次印刷
定价：49.00 元
ISBN 978-7-112-27829-9
　　　（39540）

《人民防空工程设计百问百答丛书暨人防工程技术人员培训教材》编审委员会

总顾问：钱七虎

总主编：郭春信　王晋生

副总主编：陈力新

总主审：李刻铭

《人民防空工程建筑设计百问百答》

主编：陈力新

副主编：李洪卿　吴吉令

主审：田川平

《人民防空工程结构设计百问百答》

主编：曹继勇　王凤霞　杨向华

主审：张瑞龙　袁正如　柳锦春

《人民防空工程暖通空调设计百问百答》

主编：郭春信　王晋生

主审：李国繁　李宗新

《人民防空工程给水排水设计百问百答》

主编：丁志斌

副主编：张晓蔚　徐　林

主审：陈宝旭

《人民防空工程电气与智能化设计百问百答》

电气主编：郝建新　徐其威　曾宪恒

智能化主编：王双庆　王　川

主审：葛洪元

《人民防空工程防化设计百问百答》

主编：韩　浩　徐　敏

主审：史喜成　朱传珍　高学先

《人民防空工程通风空调与防化监测设计及实例》

主编：郭春信　王晋生

副主编：陈　瑶

主审：李国繁　徐　敏

《人民防空工程建筑设计及实例》（规划编写中）
《人民防空工程结构设计及实例》（规划编写中）
《人民防空工程给水排水设计及实例》（规划编写中）
《人民防空工程电气与智能化设计及实例》（规划编写中）

参编单位：
陆军工程大学（原解放军理工大学、工程兵工程学院）
军事科学院国防工程研究院
军事科学院防化研究院
陆军防化学院
中国建筑标准设计研究院有限公司
上海市地下空间设计研究总院有限公司
青岛市人防建筑设计研究院有限公司
江苏天益人防工程咨询有限公司
上海结建规划建筑设计有限公司
中拓维设计有限责任公司
南京龙盾智能科技有限公司
山东省人民防空建筑设计院有限责任公司
黑龙江省人防设计研究院
四川省城市建筑设计研究院有限责任公司
上海民防建筑研究设计院有限公司
浙江金盾建设工程施工图审查中心
中建三局集团有限公司人防与地下空间设计院
新疆人防建筑设计院有限责任公司
南京优佳建筑设计有限公司
江苏现代建筑设计有限公司
江西省人防工程设计科研院有限公司
云南人防建筑设计院有限公司
中信建设有限责任公司
安徽省人防建筑设计研究院
南通市规划设计院有限公司
广西人防设计研究院有限公司
郑州市人防工程设计研究院
成都市人防建筑设计研究院有限公司
中防雅宸规划建筑设计有限公司
南京慧龙城市规划设计有限公司
四川科志人防设备股份有限公司

《人民防空工程给水排水设计百问百答》
编审人员

主　编：丁志斌

副主编：张晓蔚　徐　林

编　委：

鲁　飞	杨桂芝	杨　帆	徐礼峰	邬　红	孙树鹏	雷成就
李晓英	任　昊	罗伟平	曾涌涛	王敬东	宋华成	李辉夫
王卫洪	康少林	任　冬	孙颖慧	韦思远	孙晓巍	李　敏
肖世平	周宝香	张方红	唐坤颖	杨金婵	路　宁	尧　勇
高伶莉	张汉曹	汪　毅	连小莹	张社林	穆义娟	

主　审：陈宝旭

序

在当前国内外复杂多变的形势下，搞好人民防空各项工作具有重要的战略和现实意义。随着我国国民经济的持续发展，人民防空各项工作与城市经济和社会一同发展，各省区市结合城市建设和地下空间开发利用，建设了一大批人民防空工程。经过几十年不懈努力，各省区市的人均战时掩蔽面积有了较大提高，各类人民防空工程布局更加合理，建设质量明显提高，城市的综合防护能力也有较大提升。

人民防空工程标准、规范为工程建设提供了依据，但从业人员在实际工作中对现行标准、规范的执行和尺度把握仍有较多疑问，这些问题长期困扰从业人员，严重影响了工程质量。整个行业急需系统梳理存在的问题，并经过广泛研究讨论，做出公开、权威性的解答。基于以上情况，2018年底原解放军理工大学郭春信教授和王晋生教授倡议编著这套丛书。该丛书邀请了国内30多家人防专业设计院所的200多名专家组成丛书编审委员会，依托"人防问答"网，全面系统梳理一线从业人员提出的问题，组织专家讨论和解答问题，并在此基础上编著成这套丛书的六个问答分册。同时，把已解决的问题融入现有设计理论体系，配套编著各专业的设计及实例图书，方便设计人员全面系统学习。

这套丛书的特点是：问题来自一线从业人员；回答时尽量给出具体方法并举例示范；解释时能将理论与实际结合起来；配套完整设计方法与实例；使专业人员一看就懂，一看就能用。这是一套不可多得的人防工程建设指导丛书。这套丛书的出版对提高我国人民防空工程建设质量将起到积极的推动作用。

国家最高科学技术奖获得者

中国工程院院士

2021年12月28日

前　言

当前国际形势复杂多变，和平发展随时可能受到战争威胁。在此形势下，搞好人防工程建设具有重要意义。高水平设计是人防工程高质量建设的保证，但由于人防工程及其行业管理体制的特殊性，从业人员在长期设计中积累了许多问题，这给实际工作带来诸多困难，严重影响了人防工程的高质量建设，行业迫切需要全面梳理存在的问题，并做出公开、权威解答。

由于行业需要，2018年底原解放军理工大学郭春信教授和王晋生教授倡议编著《人民防空工程设计百问百答丛书暨人防工程技术人员培训教材》。倡议一经提出，就在行业内得到广泛响应，迅速成立了由陆军工程大学（原解放军理工大学、工程兵工程学院）、军事科学院国防工程研究院、军事科学院防化研究院、陆军防化学院、中国建筑标准设计研究院和各省区市主要人防设计院的200多名专家、专业负责人或技术骨干组成的编审委员会。编审委员会以"人防问答"网为问答交流平台，在行业内广泛收集问题并组织讨论。历时四年，共收集到2400多个问题，4000多个回答。因为动员了全行业参与，所以问题覆盖面广，讨论全面深入，解决了许多疑难问题，澄清了大量模糊认识，就许多问题达成了广泛专业共识，为编写修订相关规范或标准提供了重要参考和建议。编审委员会以此为基础，编著成建筑、结构、暖通空调、给水排水、电气与智能化、防化6个百问百答分册，主要解决各专业的疑难问题。百问百答分册知识点比较分散，为方便技术人员系统学习，本套丛书还增加建筑、结构、通风空调与防化监测、给水排水、电气与智能化各专业的设计及实例图书5册，把百问百答分册解决的问题融合进去，系统阐述应该如何设计并举例示范。这样，本套丛书既有对设计疑难点的深入分析，又有对设计理论和实践的系统阐述，知识体系比较完整，适宜作培训教材使用。本套丛书共计11册，编著工作量很大，目前6本百问百答分册和《人民防空工程通风空调与防化监测设计及实例》已经完稿，此次以上7本同时出版，其他专业设计及实例图书后续出版。

本套丛书主要面向全国人防工程设计、施工图审查、施工、监理、维护管理和质量监督等相关技术人员，是一套实用性和理论性都很强的技术指导书，既可作为工具书，也可作为培训教材，对人防工程科研人员也有一定的参考价值。

本套丛书编写过程中，得到了陆军工程大学校友和"人防问答"网会员的支持，得到了参编单位的大力支持，得到了国家人民防空办公室相关领导的肯定和支持，特别是得到丛书总顾问国家最高科学技术奖获得者、八一勋章获得者、中国工程院院士钱七虎教授的指导和帮助，在此深表感谢！

本书是《人民防空工程给水排水设计百问百答》分册，包括人防基础知识、给水排水系统防护、给水系统、排水系统、洗消、柴油电站给水排水及供油、消防、平战转换共 8 章 240 个问题及资料性附录。本书主要按现行《人民防空地下室设计规范》GB 50038 等规范，结合工程实际和基础理论对设计问题进行了解答。对规范要求不够明确的问题，笔者也根据工程实践经验，提出了一些较为合理的建议。

由于编者水平有限，错误和疏漏在所难免，广大读者可以登录"人防问答"网或关注"人防问答"微信公众号反馈意见、批评指正。如有新问题也可在该网或公众号上提出，我们将在再版时对本套丛书进行修订和充实。

编者

2022 年 8 月

目 录

第 1 章
人防基础知识

1. 什么是"人防工程"?

人防工程是人民防空工程的简称,有时也称人防工事、民防工程等,是为保障人民生命财产安全而修建的防护工程。人防工程包括为战时的人员和物资掩蔽、人民防空指挥、医疗救护需要而单独修建的地下防护建筑,以及结合地面建筑修建的战时可用于防空的地下室。

人防工程是防备敌人突然袭击,有效地掩蔽人员和物资,保存战争潜力的重要设施;是坚持城镇战斗,长期支持反侵略战争直至胜利的工程保障。

2. 人防工程有哪些类型?

按战时使用功能划分为:指挥通信工程、医疗救护工程、防空专业队工程、人员掩蔽工程和配套工程五大类。

按平时使用功能划分为:停车库、商场、医院、旅馆、餐厅、展览厅、公共娱乐场所、健身体育场所等。

按照工程构筑方式分为明挖和暗挖工程。明挖工程上部有地面建筑称为附建式工程(防空地下室),上部无地面建筑称为单建掘开式工程。暗挖工程可分为坑道式工程和地道式工程。图1-1所示为按工程构筑方式分类的主要人防工程类型。

(1)坑道式:建筑于山地或丘陵地,其大部分主体地面与出入口基本呈水平的暗挖式人防工程;

(2)地道式:建筑于平地,其大部分主体地面明显低于出入口的暗挖式人防工程;

(3)掘开式:采用明挖法施工建造,其上方没有永久性地面建筑的人防工程,也称单建掘开式;

(4)附建式:具有战时防空能力的地下室。即采用明挖法施工建造,而且在其上方建有永久性地面建筑的人防工程。

3. 什么是甲类人防工程?什么是乙类人防工程?

甲类人防工程是指战时能抵御预定的核武器、常规武器和生化武器袭击的工程,乙

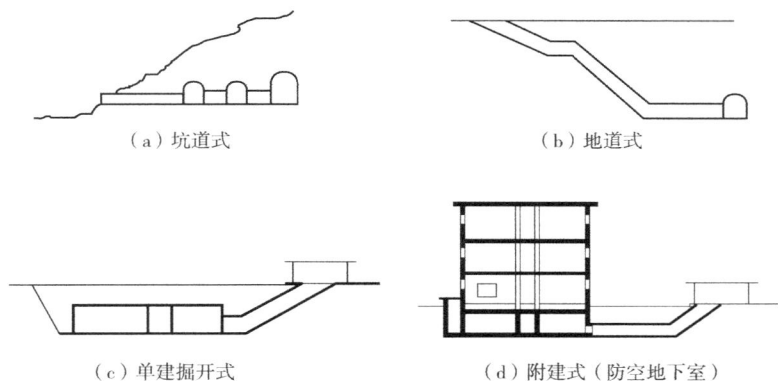

图 1-1　按工程构筑方式分类的主要人防工程类型

类人防工程是指战时能抵御预定的常规武器和生化武器袭击的工程。至于工程是按甲类还是乙类设计，主要由人防主管部门根据国家的有关规定，结合该地区的具体情况确定。

4. 什么是人防工程的抗力分级？

人防工程的抗力等级主要用以反映人防工程能够抵御敌人核袭击以及常规武器破坏能力的强弱，其性质与地面建筑的抗震裂度类似，是一种国家设防能力的体现。对于核武器，抗力级别按其爆炸冲击波地面超压的大小划分，对于常规武器，抗力级别按其爆炸的破坏效应划分。

防常规武器抗力级别分 6 个等级：1 级、2 级、3 级、4 级、5 级、6 级。

防核武器抗力级别分 9 个等级：1 级、2 级、2B 级、3 级、4 级、4B 级、5 级、6 级、6B 级。

《人民防空地下室设计规范》GB 50038 适用的抗力级别为：

防常规武器抗力级别：5 级和 6 级。

防核武器抗力级别：4 级、4B 级、5 级、6 级、6B 级。

5. 什么是人防工程的防化分级？

防化分级是以人防工程对化学武器的不同防护标准和防护要求划分的级别，防化级别也反映了对生物武器和放射性沾染等相应武器的防护。防化级别是依据人防工程的使用功能，特别是对人员的防护要求来确定的，与其抗力级别没有直接关系。一般医疗救护工程、防空专业队队员掩蔽工程、一等人员掩蔽工程以及配套工程中的食品站、生产车间、区域供水站的防化等级为乙级；二等人员掩蔽工程、区域电站控制室的防化等级为丙级；交通干（支）道及连接通道、其他配套工程的防化等级为丁级。

6. 什么是主体？

主体是人防工程中能满足战时防护及其主要功能要求的部分。对有防毒要求的工程，如指挥所、人员掩蔽工程、医疗救护工程等，其主体是指最里面一道密闭门以内的部分；对无防毒要求的工程，主体是指防护密闭门以内的部分。

7. 什么是口部？

口部是指人防工程中主体与地面，或与其他地下建筑的连接部分。对于有防毒要求的人防工程，其口部指最里面一道密闭门以外的部分，如扩散室、密闭通道、防毒通道、洗消间（简易洗消间）、除尘室、滤毒室和竖井、防护密闭门以外的通道等。

8. 什么是人防围护结构？

人防围护结构是防空地下室中承受空气冲击波或土中压缩波直接作用的顶板、墙体和底板的总称。

9. 什么是防护密闭隔墙？

防护密闭隔墙简称防护密闭墙，是既能抗御预定的爆炸冲击波作用，又能隔绝毒剂的隔墙。防护密闭隔墙一般采用整体浇筑的钢筋混凝土结构。

10. 什么是密闭隔墙？

密闭隔墙简称密闭墙。它是能隔绝毒剂的隔墙，一般采用整体浇筑混凝土结构。

11. 什么是主要出入口？什么是次要出入口？

主要出入口是指战时空袭前、空袭后，人员或车辆进出较有保障，且使用较为方便的出入口；次要出入口是指战时主要供空袭前使用，当空袭使地面建筑遭破坏后可不使用的出入口。

12. 什么是密闭通道？

在防护密闭门与密闭门之间或两道密闭门之间，仅依靠密闭隔绝作用阻挡毒剂侵入室内的密闭空间称为密闭通道。在室外染毒情况下，通道不允许人员出入。密闭通道设在战时的次要出入口。

13. 什么是防毒通道？

在防护密闭门与密闭门之间或两道密闭门之间，具有通风换气条件，依靠超压排风阻挡毒剂侵入室内的空间，称为防毒通道。在室外染毒情况下，通道允许人员出入。防毒通道设在战时的主要出入口。

14. 什么是防护单元？

在人防工程中,其防护设施和内部设备均能自成体系地使用空间。除人防指挥工程外，一般人防工程在结构设计上均按非直接命中考虑，为了提高人防工程的生存概率，对于一些面积较大的工程，需要按照人防工程设计的有关规定，划分防护单元。防护单元内的防护设施和内部设备必须自成体系，否则一个防护单元被破坏后，不能保证其他防护单元正常发挥防护功能，各防护单元要有独立的给水排水系统。

15. 什么是抗爆单元？

抗爆单元是在防护单元中，用抗爆隔墙分隔的使用空间。抗爆隔墙的主要作用是减小人防工程被炮弹直接命中后弹片的杀伤作用,减少伤亡。防空地下室的抗爆隔墙多是临战前构筑。

16. 什么是清洁区？什么是染毒区？

清洁区是指防空地下室中能抵御预定的爆炸动荷载作用，且满足防毒要求的区域；染毒区是指防空地下室中能抵御预定的爆炸动荷载作用，但允许染毒的区域。对于主体有防毒要求的防空地下室，其主体（即最里面的密闭门以内的部分）均属于清洁区，其防护密闭门（防爆波活门）以内，最里面的密闭门以外的部分均属于染毒区。

17. 什么是洗消间？什么是简易洗消间？

洗消间是指供染毒人员通过和清除全身有害物的房间，通常由脱衣间、淋浴间和检查穿衣间组成。简易洗消间是指供染毒人员清除局部皮肤上有害物的房间，洗消用水仅供手、脸等暴露的皮肤洗消。

18. 什么是自备内水源？什么是自备外水源？

防空地下室的自备内水源是指设于防空地下室围护结构以内的水源。自备外水源则指具有一定防护能力，为单个防空地下室服务的独立外水源或为多个防空地下室服务的区域性外水源。内部设置的贮水池（箱）不属于内水源。

19. 什么是防爆地漏？

防爆地漏指战时能防止冲击波和毒剂等进入防空地下室的地漏，常用规格有 $DN50$、

*DN*80、*DN*100、*DN*150 等，材质为不锈钢或铸铁。

20.什么是防护阀门？

防护阀门是为防止冲击波及核生化战剂由管道进入工程内部而设置的阀门，工程中多采用公称压力不小于 1.0MPa 的铜芯闸阀或截止阀。防护阀门的公称压力等级除规范规定的不小于 1.0MPa 外，还应满足不小于对应管道的工作压力等级。

21.什么是洗消设施？

洗消设施是对进入工程的受染人员和工程的受染部位实施洗消的设施，包括人员洗消设施和工程口部洗消设施。

22.什么是油管接头井？

油管接头井具有一定的抗力，供室外运油车向室内贮油箱输油，也是供油系统的防爆措施。对于防空地下室，一般在电站附近的工程外部就近设置。

23.什么是固定电站？什么是移动电站？什么是区域电站？

固定电站是指发电机组固定设置，且具有独立的通风、排烟、贮油等系统的柴油电站。

移动电站是指具有运输条件，发电机组可方便设置就位，且具有专用通风、排烟系统的柴油电站。固定电站、移动电站是建造方式的区分。

区域电站是指独立设置或设置在某个防空地下室内，能供给多个防空地下室电源而设置的柴油电站，并具有与所供防空地下室抗力一致的防护功能。区域电站是按保障方式的区分。

《人民防空地下室设计规范》GB 50038，电气专业强制性条文 7.2.11 条明确规定：中心医院、急救医院；救护站、防空专业队工程、人员掩蔽工程、配套工程等防空地下室，建筑面积之和大于 5000m² 的工程，在其内部应设置柴油电站。

24.什么是战时通风？

战时通风是保障防空地下室战时功能的通风，包括：清洁通风、滤毒通风、隔绝通风三种方式。

（1）清洁通风：室外空气未受毒剂等污染时的通风。

（2）滤毒通风：室外空气受毒剂等污染，需经特殊处理时的通风。防空地下室外的空气遭受敌人核生化武器或常规武器袭击，空气受到污染（包括城市火灾等次生灾害造成的污染）时，进入防空地下室的空气必须进行除尘滤毒处理，并将防空地下室内部的废气靠超压排风系统排至室外。

采用滤毒通风的时机是：

①有人员急需进出防空地下室，防毒通道需要进行排风换气；

②毒剂沿缝隙进入室内，达到伤害浓度，将要威胁人员的安全时；

③当工程隔绝防护一段时间后，空气中的 CO_2 浓度上升至规定的允许浓度、O_2 降低至规定的低浓度时。

（3）隔绝通风：室内外停止空气交换，由通风机使室内空气实施内循环的通风。此时，防空地下室内部空间与外界连通孔口上的门和管道上的阀门全部关闭或封堵，利用防空地下室本身的防护能力和气密性，防止核爆炸冲击波、放射性尘埃或毒剂、生物战剂或次生灾害产生的其他有害物质等对防空地下室和掩蔽人员造成毁伤的一种集体防护方式。

处于隔绝防护时，人员不得出入防空地下室。当防空地下室处在下述情况时，应转入隔绝防护：

①敌人对工程所在地区实施核生化武器袭击报警拉响时；

②室外发生大面积火灾时；

③外界空气污染的情况下，滤毒设备失效（滤毒设备饱和、室外毒剂浓度过高、室外毒剂种类未查明或毒剂为滤毒设备不能去除的新型毒剂）时；

④通风口被堵塞或通风设备已遭到破坏时。

25. 什么是隔绝防护时间？

从隔绝式防护开始，至工程内部透入毒剂达到阈剂量时或工程内空气中 CO_2 等有害气体浓度达到容许限值的时间间隔。为保证清洁区的气密性，隔绝防护时间内，不允许向工程外排水。

隔绝防护不能维持过长的时间。《人民防空地下室设计规范》GB 50038 第 5.2.4 条明确了战时隔绝防护时间为：医疗救护工程、专业队队员掩蔽部、一等人员掩蔽所、食品站、生产车间、区域供水站大于等于 6h；二等人员掩蔽所、电站控制室大于等于 3h；物资库等其他配套工程大于等于 2h。隔绝防护时间参数，与给水排水专业计算战时污水池容积有关。

26. 什么是防护密闭套管？

防护密闭套管是在穿过人防工程外墙、顶板、密闭墙及防护单元之间的密闭隔墙、临空墙等处的管道上设置的，具有抗一定压力冲击波作用及防止核生化战剂由穿管处渗入的防水套管。

27. 什么是消波设施？

消波设施是设在进风口、排风口、柴油电站排风口用来削弱冲击波压力的防护设施。

消波设施一般包括，冲击波到来时能自动关闭的防爆波活门和利用空间扩散作用削弱冲击波压力的扩散室或扩散箱。通过消波作用，冲击波压力减弱至设备能安全运行，人员能承受的程度。

28. 什么是自动排气活门？

自动排气活门是依靠阀门两侧空气的压差作用自动启闭的排气阀门。具有抗冲击波能力的自动排气阀门，称为防爆自动排气活门。

29. 什么是防化值班室？

防化值班室是在设有滤毒通风的人防工程内设置的用于防化监测、取样化验、并具有空气自净能力的工作房间。

30. 什么是除尘室、滤毒室与除尘滤毒室？

专用于安装墙式安装的油网过滤器的空间称为除尘室。为了空气扩散、布置风管及检修清洗的需要，一般又分除尘前室和除尘后室。除尘室在战后需要洗消，地面需设排水地漏。

滤毒室是专门安装过滤吸收器的房间。由于过滤吸收器在检修、拆装时，可能会污染室内空气，滤毒室划为战时染毒区。滤毒室在战后需要洗消，地面需设排水地漏。

当油网过滤器为管道式时，进风系统可不设专门的除尘室，油网过滤网与过滤吸收器安装在同一个房间，该房间称为除尘滤毒室。洗消要求同滤毒室。

31. 什么是防护密闭门？

防护密闭门是既能阻挡冲击波又能阻挡毒剂通过的门。防护密闭门一般包括门扇、门框墙、铰页、闭锁、密闭胶条等构件。其各构件除具有密闭的作用外，还具有防冲击波的作用，即门扇和门框墙还具有承受冲击波反射压力的作用，闭锁和铰页还具有承受冲击波负压的作用。防护密闭门一般作为人防工程出入口的第一道门。

32. 什么是密闭门？

密闭门是能够阻挡毒剂通过的门。密闭门的组成和防护密闭门相似，密闭门只能阻挡毒剂通过，不具有阻挡冲击波的功能。密闭门一般设于防毒通道，或其他需要分隔清洁区和染毒区之处。

33. 什么是临空墙？

临空墙是一侧直接受空气冲击波作用，另一侧不接触岩、土的墙体。临空墙由于受冲击波的直接作用，且冲击波作用在垂直墙体有反射增强的效应，因此，需要承受较大的荷载。此外，该类墙体的一侧直接是室外染毒区，人防工程的各类管道应尽量避免穿越临空墙。

34. 什么是扩散室？

扩散室利用内部空间来降低由通风口或排烟口进入的冲击波超压的房间。扩散室应设置地漏或集水坑。

35. 什么是人防工程防化？

防化是指军民对核生化武器效应的防护，也就是人们常说的"三防"，即核生化防护。具体是指军民为防核武器、生物武器和化学武器袭击产生的杀伤破坏作用所采用的一系列防护应对措施。

人防防化是指在核生化武器空袭条件下，为保护人民生命、财产的安全，减少国民经济损失，保存战争潜力而组织动员民众采取疏散、掩蔽，包括针对性的核生化侦察、探测、防护、沾染消除和消毒灭菌，以及人员救治等措施，避免或减少人员生命、健康、环境等的损失。

人防工程是专门为战时民众防敌空袭而事先建造的地下防护建筑物。人防工程可在核生化袭击条件下，用于掩蔽人员、物资，保护城市重要生产生活资源，维持战时民众防护指挥通信稳定，是人民防空保护民众生命财产安全的重要措施之一。

人防工程防化是指利用人防工程的安全结构，配套一定的防化设施设备，采取各种技术、管理措施对核生化袭击导致的化生放（CBR）伤害因素实施防护，即保护工程内的人员免受毒剂、生物战剂气溶胶和放射性灰尘伤害所采取的综合性防护措施。

36. 人防工程对核污染及生化战剂防护的主要措施有哪些？

（1）探测报警

重要的工程应设独立的核生化武器袭击报警系统，一般的工程也应保持与城市报警系统的通信畅通，以保证能对袭击作出及时的应对。

（2）维持清洁区内的密闭性

人员掩蔽区域及有防毒要求的物质存贮区域，在核生化袭击前是处于清洁状态的，需要防止放射性灰尘、生化战剂气溶胶的空气，通过与工程外部连通的管道或管道穿围护结构、密闭隔墙的缝隙进入工程内部，污染工程内的清洁空气。

（3）维持清洁区内的超压

通过工程内的通风设施，保障工程有一定的超压，即工程内部的压力略高于外部的压力，使外部空气不易渗入清洁区。

（4）安装除尘、滤毒设备

除尘器能截留空气中较大颗粒的放射性尘埃等污染物，滤毒设备一般由精密过滤介质及活性炭吸附介质组成，进一步去除空气中的有毒物质。

（5）安装洗消设备

在外部染毒时，需要对进入工程内的人员进行洗消。大多数化学剂能够穿透衣物并迅速被皮肤吸收，洗消能防止有毒物质被人体进一步吸收，防止有毒物质随人员的进入而被带入清洁区。

（6）对污染物进行封存

在外界染毒时，从外部进入工程内的人员，其穿着的衣物、防护服、携带物品等均受到污染，需要对这些物品进行密闭封存，防止污染物在工程内扩散。

（7）在清洁区存贮生活饮用水

在战时核污染及生化战剂还会污染市政供水水源，市政给水处理系统的处理工艺，难以保证生活饮用水的安全，因此在人防工程内部需要在战前提前存贮一定量的生活饮用水，以保障战时的基本生活需要。

37. 人防工程给水排水系统设计常用哪些标准规范？

人防给水排水专业设计，既要满足国家有关建筑工程领域通用性的规范，又要满足人防有关专用标准。常用的通用性规范有：

《建筑给水排水设计标准》GB 50015—2019；

《汽车库、修车库、停车场设计防火规范》GB 50067—2014；

《消防给水及消火栓系统技术规范》GB 50974—2014；

《自动喷水灭火系统设计规范》GB 50084—2017；

《建筑灭火器配置设计规范》GB 50140—2005；

《气体灭火系统设计规范》GB 50370—2005；

《水喷雾灭火系统技术规范》GB 50219—2014；

《二氧化碳灭火系统设计规范》（2010 年版）GB 50193—93；

《建筑设计防火规范》（2018 年版）GB 5001—2014；

《室外给水设计标准》GB 50013—2018；

《室外排水设计标准》GB 50014—2021；

《生活饮用水卫生标准》GB 5749—2022；

《污水综合排放标准》GB 8978—2020；

《建筑给水排水制图标准》GB /T 50106—2010；

《建筑给水排水及采暖工程施工质量验收规范》GB 50242—2002；

《自动喷水灭火系统施工及验收规范》GB 50261—2017 等。

常用的人防专用性标准有：

《人民防空工程基本术语》RFJ 1—1991；

《人民防空地下室设计规范》GB 50038—2005；

《人民防空工程设计防火规范》GB 50098—2009；

《人民防空工程施工及验收规范》GB 50134—2004；

《人民防空工程质量验收与评价标准》RFJ 01—2015；

《城市居住区人民防空工程规划规范》GB 50808—2013；

《人民防空工程照明设计标准》RFJ 1—1996；

《人民防空工程供电标准》RFJ 3—1991；

《人民防空工程隔震设计规范》RFJ 1—2006；

《人民防空医疗救护工程设计标准》RFJ 005—2011；

《人民防空物资库工程设计标准》RFJ 2—2004；

《轨道交通工程人民防空设计规范》RFJ 2—2009；

《人民防空工程维护管理技术规程》RFJ 05—2015；

《人民防空工程施工图设计文件审查技术规程（暂行）》RFJ 001—2021；

《轨道交通工程人民防空施工图设计文件审查要点（暂行）》RFJ 002—2021 等。

38. 人防工程设计常用哪些设计图集？

防空地下室设计的常用标准图集及资料主要有：

《人民防空地下室设计规范》图示 – 建筑专业 05SFJ10；

《人民防空地下室设计规范》图示 – 电气专业 05SFD10；

《人民防空地下室设计规范》图示 – 给水排水专业 05SFS10；

《人民防空地下室设计规范》图示 – 通风专业 05SFK10；

《防空地下室施工图设计深度要求及图样》08FJ06；

《防空地下室通风设计示例》07FK01；

《防空地下室电气设计示例》07FD01；

《防空地下室给排水设计示例》09FS01；

《防空地下室给排水设施安装》07FS02；

《防空地下室移动柴油电站》07FJ05；

《防空地下室固定柴油电站》08FJ04；

《全国民用建筑工程设计技术措施——防空地下室》（2009）等。

39. 如何理解一些地方政府人防主管部门颁发的人防设计类地方标准或规定？

国家层面颁布的人防有关设计标准，如同抗震类设计标准，是在满足预定的防护战术技术要求前提下，兼顾了经济可行性的最低标准。根据《中华人民共和国人民防空法》第十一条规定："城市是人民防空的重点。国家对城市实行分类防护。城市的防护类别、防护标准，由国务院、中央军事委员会规定"。人民防空重点城市分为国家一类、二类、三类防空重点城市，以及大军区和省定防空重点城市。各省市综合考虑经济技术发展条件、城市的防护类别、防护标准等因素，在满足国家级标准的基础上，可提出更高要求的标准。

因此，目前国内有些设防重点城市，颁发了一些适用于本地区的防空地下室设计类标准，比较常用的有：

《某省（市）防空地下室防护功能平战转换管理规定》；

《某省（市）城市地下空间兼顾人民防空工程设计标准》；

《某省（市）城市地下综合管廊兼顾人民防空工程设计导则》等。

在实际工程设计时，要了解工程所在地人防主管部门是否颁发了本地标准，以便更好地完成设计工作。

第 2 章
给水排水系统防护

40. 水管穿混凝土墙补做防护密闭套管有无标准做法？有无规范条文或技术措施的依据？

水管穿混凝土墙补做防护密闭套管目前没有标准做法。按照国家人防主管部门的文件要求，人防类产品需要经过主管部门科研立项并组织鉴定通过后，才允许在人防工程中应用。目前国家人防主管部门没有发布有关可应用的成果。鉴于此，人防给水排水设计人员应特别注意穿围护结构及口部有密闭要求墙体的密闭套管预埋问题，应在给水排水的设计图纸上准确标注预埋套管的定位尺寸，明确套管加工的相关参数。最好单独出一张预留预埋孔洞图，以防止施工单位在专业配合时，遗漏预埋套管。对于内部设备系统功能比较复杂的工程，建议在口部适当多预留一些套管，作为备用。

当遗漏预埋套管或孔洞时，如墙上临时钻孔穿管，一般要考虑临战前将该管段拆除后封堵，人防墙孔洞封堵施工原理可参考图 2-1 所示（该施工方式尚未经过人防成果鉴定，能否应用还需人防质检部门同意）。

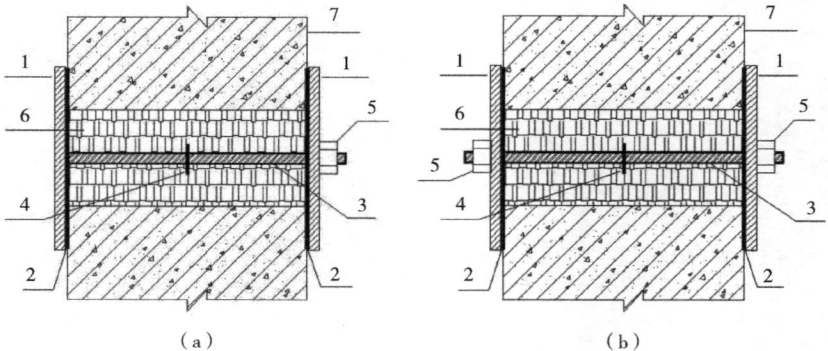

图 2-1　人防墙孔洞封堵施工原理图

1—封堵钢板；2—防火密闭垫片；3—金属连杆；4—密闭翼环；5—紧固螺母；6—封堵填料；7—人防墙体

41. 排除上层地面废水时，排水管道上的防护阀门是否可以代替防爆地漏？

根据《人民防空地下室设计规范》GB 50038—2005 第 6.3.15 条，排除上层地面废水仅包括"平时排放的消防废水或地面冲洗废水"。目前规范条文中没有提出可以利用防护阀门替代防爆地漏排除上一层地面废水的技术措施，这样做是不可以的。上下两层一般划为不同的防护单元，安装防爆地漏时，当上层需要排水时，可以直接在上层打开防爆地漏排水；如在下层装防护阀门，该阀门应处于常闭状态，如上层需要排水，需要到下层打开阀门，使用不便，也存在不确定性因素。建议上层的防爆地漏设置应考虑以下几点：（1）防爆地漏不得设置在功能房间内；（2）防爆地漏应设置在明显及无障碍的部位，且应做好明显标识以便定位及关闭操作；（3）排除上层地面废水设置的防爆地漏数量不宜过多。

42. 规范要求管道穿外墙设置刚性防水套管，而在地震设防地区穿外墙需采用柔性防水套管，应该怎么选择？

《人民防空地下室设计规范》GB 50038—2005 要求管道穿外墙设置刚性防水套管是一种一般性要求，未考虑地震设防地区或局部有建筑沉降等特殊场合的套管设置。当人防管道穿人防围护结构，在室外部分的管段有覆土层时，覆土层有较好的防护作用，套管不承受冲击波的直接作用力，从沉降考虑需要设柔性套管时，穿墙套管可以采用柔性防水套管。《建筑给水排水及采暖工程施工质量及验收规范》GB 50242—2002 第 3.3.3 条："地下室或地下构筑物外墙有管道穿过的，应采取防水措施，对有严格防水要求的建筑物，必须采用柔性防水套管"。

43. 平时消防、给水管等穿临战封堵处，做法兰短管临战拆除水管或做防护密闭阀门临战关闭，哪种更合适？

应设置防护阀门，以满足快速转换要求。平时消防、给水管穿人防墙时，上述两种方法均满足防护密闭要求。从各地的平战转换要求来看，减少转换工作量是大趋势。设置防护阀门可以有效减少临战转换工作量，方法也更为可靠。当条件受限时，如设置的防护阀门影响人防门的开启，可局部采用法兰短管，代替防护阀门。

由于消防管道的直径较大，其防护阀门使用闸阀，尺寸较大，在管道穿越临战封堵处安装的防护阀门，一定要注意穿管处与顶板底面的距离能否满足防护阀门安装的要求。

44. 人防验收规范中密闭套管要求突出墙面的做法与 07FS02 中大样图有差异，以何者为准？

（1）《人民防空工程施工及验收规范》GB 50134—2004 第 10.1.6 条"穿密闭穿墙短管两端伸出墙面的长度，给水排水穿墙短管应大于 40mm"；第 10.1.7 条"密闭穿墙短管作套管时，在套管与管道之间应用密闭材料填充密实，并应在管口两端进行密闭处理，填料长度应为管径的 3 ~ 5 倍，且不得小于 100mm"。

（2）《防空地下室给排水设施安装》07FS02 中第 14~19 页，对套管伸出墙面的长度未作要求。

（3）从现场施工情况考虑，《防空地下室给排水设施安装》07FS02 中大样图施工方法更有利于支模板和混凝土浇筑。

（4）从工程验收的角度考虑，按照《人民防空工程施工及验收规范》GB 50134—2004 的要求施工更好。

45. 接至地面和非人防区的消防管道算不算无关管道？能否穿过人防？如这类管道多，对防护密闭是否不利？

（1）因防空地下室平时消防需要，接入防空地下室的消防管道为与人防有关的管道；为地面建筑或邻近非人防区地下室消防需要，从防空地下室"借道"的消防管道是与人防无关的管道。

（2）为提高防空地下室的防护能力及减少平战转换时对地面建筑消防系统的影响，应考虑在临战转换期间，进出防空地下室的消防管道都关闭时，不影响地面建筑的消防系统正常运行。防空地下室的消防管道应减少引入管的数量，如：防空地下室内的各个消火栓，不宜从地面消火栓立管上分别接入，每根引入管处增加防护阀门；宜从防空地下室侧墙引入 2 根消火栓主管，主管上增加防护阀门，再进行水平方向布置。

46. 给水管道及消防管道穿过两道人防门，是否要在两道人防门内侧设置防护阀门？

根据《人民防空地下室设计规范》GB 50038—2005 第 6.2.13 条的要求，防护阀门应安装在防护密闭门内侧；根据规范对本条的条文解释，防护阀门是指为防冲击波及核生化战剂由管道进入工程内部而设置的阀门。因此需要根据具体的管道连接情况进行设置。

（1）当给水管道、消防管道从人防口部引入（或引出）人防工程时，管道在口部房间内并未接支管，如图 2-2 所示，只需要在防护密闭门后设置一道防护阀门即可。

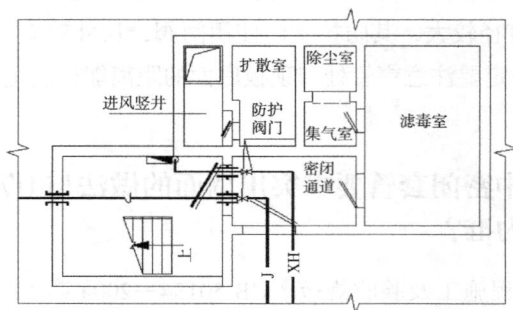

图 2-2　给水管道在口部房间内未接支管

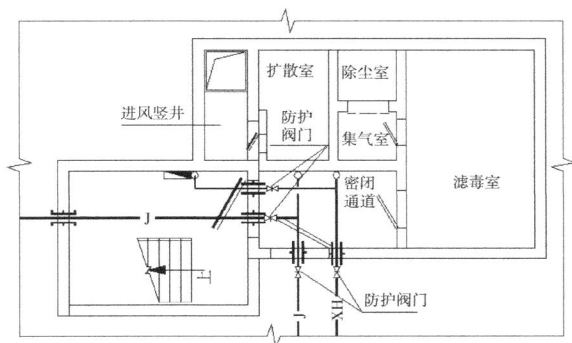

图 2-3　给水管道在口部房间内接有支管

（2）当给水管道、消防管道从人防口部引入（或引出）人防工程时，管道在口部房间内接有支管，如图 2-3 所示，不仅在防护密闭门后需设置防护阀门，建议在密闭门后亦增设一道防护阀门。因为口部是允许染毒区域，而管道是和工程内部清洁区连通的。若管道两头的阀门刚好打开了（即使概率很小）会造成有毒空气渗漏的危险。

47. 防空地下室车库做泡沫 – 喷淋系统时，管径一般放大至 $DN200$，对防护和平时使用不利，如何处理该问题？

《汽车库、修车库、停车场设计防火规范》GB 50067—2014 第 7.2.3 条明确规定"泡沫 – 水喷淋系统的设计应符合现行国家标准《泡沫灭火系统设计规范》GB 50151—2010 的有关规定"。《泡沫灭火系统设计规范》GB 50151—2010 第 7.3.4 条规定：泡沫 – 喷淋系统的作用面积应为 465m²。需要 $DN200$ 的管径才能满足要求，这一消防要求是必须满足的。

建议管径 $DN200$ 的管道尽量避开穿越防空地下室的顶板及门框墙，在穿越临空墙时按照《人民防空地下室设计规范》GB 50038—2005 第 6.1.2-2 条"设置外侧加防护挡板的刚性防水套管"，同时在预埋套管时，要做好节点结构钢筋的加固措施。至于阀门的重量可以不必考虑太多，毕竟与阀门连接的管道都要设置吊架、支架。此外，需考虑湿式报警阀等配套设备体积大、重量大，会实际影响停车位的布置，后期使用也存在防碰撞等问题，应通过设置房间、护栏等方式解决。

48. 空调冷冻水管管径较大（$DN300 \sim DN600$），穿人防围护结构如何采取防护措施？

专供平时使用的管道管径过大可以采用门式封堵或封堵框封堵，此处穿管条件提供给土建专业，选好合适的门式封堵或将封堵框预埋在墙体里，战前拆除相关设备管道，实施封堵即可。按照图集《防空地下室给排水设施安装》07FS02 做防护密闭套管，管径大于 $DN200$ 时，防护密闭套管可分设为几个不大于 200mm 的管来做。

不建议设计管径大于 $DN200$ 的穿人防围护结构的管道，会带来不确定性，增加施工难度。

49. 消防水池兼做人防贮水池，消防水池划入人防区而泵房在非人防区的情况，管道如何防护？

对于消防水池划入人防区而泵房在非人防区的情况，防护处理做法如图 2-4 所示。

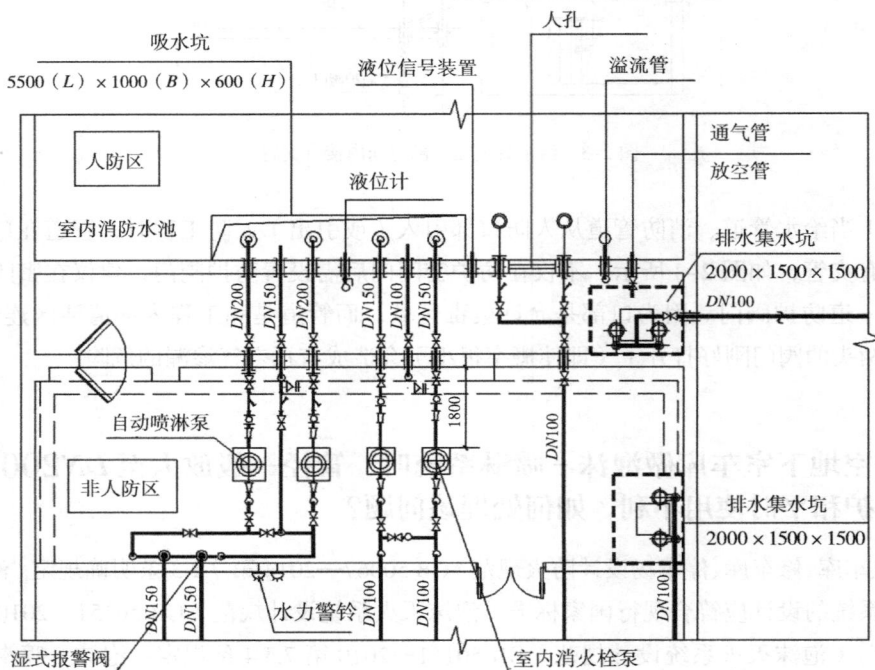

图 2-4　消防水池在人防区，消防泵房在非人防区防护示例

关于消防水池设置于人防区域宜慎重处理。主要原因有：

（1）所有与非人防区之间连接的管道均需设置防护阀门，由于消防水池的特殊性，这部分阀门均存在长期被水淹没的情形，影响防护阀门的使用寿命，同时也给转换带来麻烦。

（2）消防水池检修孔是必开的洞口，有时还需要设置消防车取水口，洞口封堵更是给转换工作增加较多的工作量。

（3）人防工程为满足战时防护功能，尽可能减少人防范围与非人防区的接管、开洞数量，消防水池作为消防系统核心部位，进出管道数量较多，相应的转换工作仅为理论上可行，实际操作难以保证转换效果。所以设计中不建议消防水池划入人防区，如果消防水池兼做人防贮水池，应将消防水池及泵房都划入人防区域。

50. 消防电梯集水坑是否可以设置在人防区？如何防护？

消防电梯集水坑一般设置在非人防区的核心筒区域的楼梯间。消防电梯集水坑如果设置在人防区域，其排水不管采用何种方式排入人防内集水坑，都属于与人防无关的管道穿越人防围护结构，不满足人防规范要求。消防电梯井井底设备及管线多，如消防废水通过防爆地漏排至人防区的消防集水坑，由于防爆地漏临战需要转换，转换工作需要专业人员，战时较容易漏做关闭的转换措施，影响防空地下室整体的防护密闭性能。参照《山东省建筑工程消防设计部分非强制性条文适用指引》中明确的消防电梯井底集水坑消防排水不应与其他地面废水排水合用的要求，消防电梯排水集水坑不应设置在人防区域。

51. 两层人防工程上下为不同防护单元，由于结构专业不考虑下层破坏时上层安全使用的情况，因此在管道穿人防中层板时可否只在下层设置防护阀门，上层不设防护阀门？

虽然负二层防护单元顶板被破坏的概率小于负一层防护单元顶板，但负一、负二层口部破坏的概率基本相同。所以在防护要求上，上、下层防护单元穿管宜按同一层相邻防护单元考虑。根据《人民防空地下室设计规范》GB 50038—2005 第 3.3.4 条：防空地下室每个防护单元的防护设施和内部设备应自成体系；第 5.3.4 条：穿过防护单元之间的防护密闭隔墙时，应在防护密闭隔墙两侧的管道上设置防护阀门。所以穿越负一层、负二层上下两个防护单元的管道，建议在负二层顶板上下两侧设置防护阀门。

52. 人防固定电站属于清洁区吗？管道穿越人防电站两边是不是都需设置防护阀门？

人防固定电站的柴油发电机房及附属房间均属于战时染毒房间，柴油机直接吸取室外可能在战时被染毒的空气工作。机房设有独立的进风、排风系统，通过扩散室直接与室外连通，因此机房属于染毒房间。战时机房内机组可无人值守运行，控制室与柴油机房的联系是通过密闭观察窗和防毒通道，操作人员在电站控制室监控柴油机组运行状况。电站控制室属于清洁区，按独立防护单元设置时，设有三种通风方式。电站控制室与人员掩蔽部结合的，其滤毒通风是与人员掩蔽部合用一套系统。

移动电站的柴油发电机房与固定电站机房一样的，战时也是属于染毒房间。但移动电站控制室与附近人员掩蔽部清洁区连通。

由清洁区内的管道（水管）穿入到柴油发电机房的密闭隔墙，从防毒的需要考虑，在清洁区一侧应设置防护阀门，也便于操作管理。当穿越防护密闭隔墙、外墙时，应在内侧设置公称压力不小于 1.0MPa 的防护阀门。

柴油电站的设计可参见国家建筑标准设计图集《防空地下室移动柴油电站》07FJ05和《防空地下室固定柴油电站》08FJ04。

53. 在竣工验收时，经常会发现消防管道随意穿过人防工程口部，是否违反人防相关规范？

为防空地下室服务的消火栓管及自喷管不属于与人防无关的管道，可以进入防空地下室，但随意穿过人防口部房间不可取。人防口部是人员进出地下室的出入口，随意穿越管道会破坏工程的防护和密闭性能，即便做好防护密闭措施，也会给工程带来较大的安全隐患。

防空地下室的出入口一般都是利用上部建筑的楼梯间设置，上部建筑和地下室仅通过密闭通道连接。消火栓管及自喷管引入时，需要穿越人防口部，需根据《人民防空地下室设计规范》GB 50038—2005 第 6.2.13 条做好防护密闭措施。在条件允许时，尽可能不穿越密闭通道、防毒通道等口部房间。

54. 如果人防工程上部为非人防区，且下层人防区无法降板，无关管道必须穿越人防区是否可行？

上部建筑的生活污水管、雨水管，燃气管等不得进入防空地下室。专供上部建筑使用的设备房间和有关管道宜设在防空地下室的防护密闭区外。无关管道不可以穿过，为保证人防围护结构的整体强度和密闭性，请与建筑专业协商调整设计方案。

55.《人民防空地下室设计规范》GB 50038—2005 第 6.2.13 条中的防护阀门能否选用蝶阀等阀门？

现行规范明确规定防护阀门采用铜芯闸阀或截止阀。蝶阀根据其自身结构特点，主要起调节阀的作用，可实现截断和节流的功能，但是密闭功能及抗冲击波性能是否满足人防防护要求，目前没有实验数据支撑，所以规范还不允许在人防工程给水排水管道上使用蝶阀作为防护阀门。

56.《防空地下室给排水设施安装》图集 07FS02 中防护密闭套管在什么情况下需要加防护挡板？

《人民防空地下室设计规范》GB 50038—2005 第 6.1.2-2 条：符合以下条件之一的管道，在其穿墙（穿板）处应设置外侧加防护挡板的刚性防水套管：

（1）管径大于 DN150 的管道穿过人防围护结构时；

（2）管径不大于 DN150 的管道穿过核 4 级、核 4B 级的甲类防空地下室临空墙时。

57. 消防及给水管道穿越相邻的两个防护单元连通口时如何处理？

根据《人民防空地下室设计规范》GB 50038—2005 第 3.2.10 条，连通口两侧分属两个不同的防护单元，如有管道穿越连通口应根据《人民防空地下室设计规范》GB 50038—2005 第 6.2.13 条要求，在防护密闭隔墙两侧设置防护阀门，如图 2-5 所示。为减少管道穿越人防墙体及保证人防工程的密闭性，连通口可采用在人防门洞内安装定制尺寸防火门的形式实现防火要求，如图 2-6 所示。由于各地对防火门安装的要求不尽相同，应以当地主管部门要求为准。

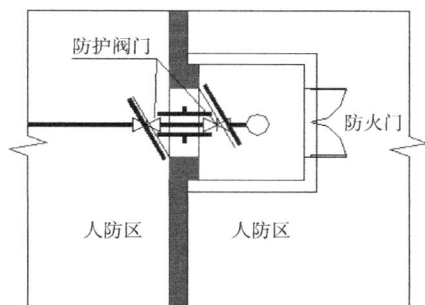

图 2-5　防护密闭隔墙两侧设置防护阀门

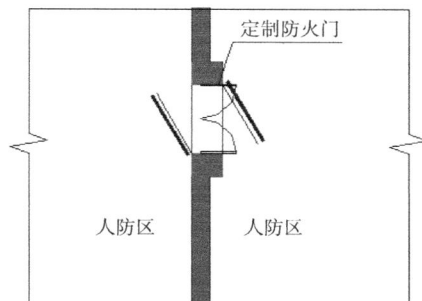

图 2-6　人防门洞内安装定制尺寸防火门

58. 洗消管道从清洁区穿过除尘滤毒室再进入扩散室，在密闭墙两侧均设防护阀门，共 4 道阀门是否合理？

洗消管道从清洁区穿过除尘滤毒室再进入扩散室时设置 4 道阀门明显偏多且无实际意义。如图 2-7 所示，当清洁区（区域 3）被摧毁时，作为该防护单元进风口部的滤毒室及扩散室已经失去防护的意义,设置再多的阀门都无法起到应有的作用。当口部范围(区域 1、区域 2）被破坏时设置在清洁区侧的防护阀门仍可实现防冲击波及防毒功能，确保清洁区内的安全，如图 2-8 所示。虽然扩散室和滤毒室均为染毒区，但从气流路径上分析，扩散室染毒程度应略高于滤毒室。从安全性上考虑，如洗消管道在滤毒室内设有出水口时宜考虑在滤毒室内多设一道防护阀门，如图 2-9 所示。

此外，规范对于冲洗龙头的设置位置没有具体要求，只限定了供水压力和冲洗范围，此示例中将冲洗龙头布置在扩散室不合理，如调整至密闭通道或滤毒室内，既方便战时使用又省去了多设置的阀门。

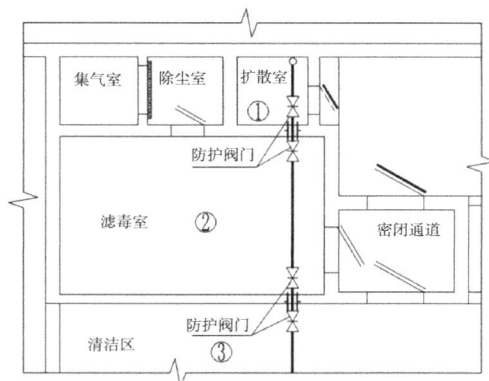

图 2-7　清洁区被摧毁

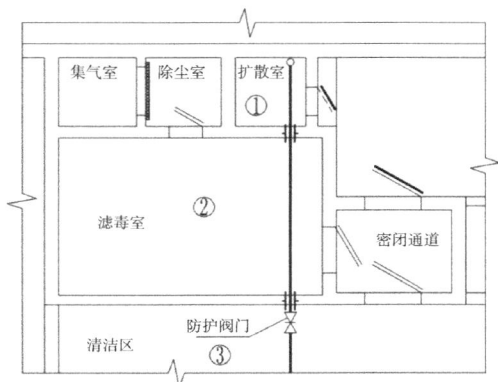

图 2-8　口部被摧毁

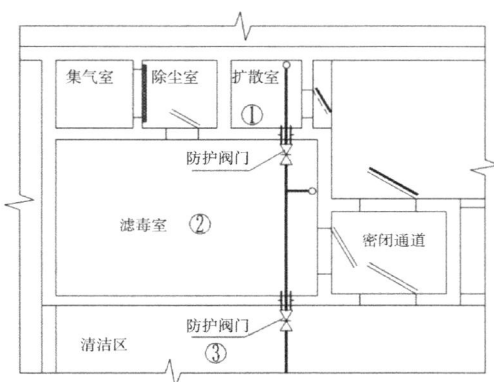

图 2-9　滤毒室内设给水支管

59. 水管管径大于 DN150 时能否参见风管封堵做法？

（1）《人民防空地下室设计规范》GB 50038—2005 第 6.1.2–2 条有这方面规定，即在其穿人防墙（板）处应设置外侧加防护挡板的刚性防水套管。超出规范规定的设计范围时，宜具体情况具体分析，请结构专业工程师协助解决。

（2）风管一般不会直接穿临空墙，通风管路上有活门、扩散室等配套降低冲击波措施。与给水排水管道直接穿人防墙（板）（尤其是临空墙）有本质不同。

（3）就人防工程给水排水设计而言，无论是平时还是战时给水排水管道，管径小于等于 DN150 已基本满足使用要求。

60. 上下叠层的人防工程的排水管如何设置？

[问题补充]：对于上下层叠放设置的人防工程，上层口部洗消排水的横管我们一般考虑预埋在下层人防的结构顶板内，但因洗消集水井一般设于下层的人防区以外，故上层的排水横管在穿出人防区域的顶板以后，会靠墙设立管接至下层的洗消集水井中。排水管的材质为镀锌钢管，若立管暴露在防护区以外，是否需设混凝土包裹等防护措施？还是镀锌钢管的抗力足以满足抵抗冲击波的要求，不需要另外采取防护措施？

（1）战时室外为非防护区，室外的设施、管线等均认为无防护能力，要求防护区外人防管线全混凝土包裹，从人防防护角度来看是合理的。

（2）实际设计中为避免施工产生的各类问题，可考虑立管设置于人防防护区内，下到下层后再横管从底板下进入集水井内。

（3）建议将该段立管预埋在立面墙体内，到下部集水井位置，再从底板结构层中进入集水井。

61. 如何理解与人防无关的管道？

[问题补充]：《人民防空地下室设计规范》GB 50038—2005 第 3.1.6 条中规定：与防空地下室无关的管道不宜穿过人防围护结构，本条第 2 小条规定：穿过防空地下室顶板、临空墙和门框墙的管道，其公称直径不宜大于 150mm，第 2 小条是否可以理解为与人防有关的管道？

只有与防空地下室有关的管道（平时或者战时需要使用）才可以穿过人防围护结构，并采取相应的防护密闭措施。第 2 小条主要针对需要穿越人防围护结构的平时消防给水管道。

62. 自动喷水灭火系统管道上的防护阀门如何设置？

[问题补充]：《自动喷水灭火系统设计规范》GB 50084—2017 第 6.3.3 条，自动喷水灭火系统水流指示器前控制阀应采用信号阀；人防规范规定穿防护单元隔墙应采用闸阀并有明显启闭标志，此处两本规范是否冲突，如何解决？

《人民防空地下室设计规范》GB 50038—2005 第 6.2.13 条 2、3 款："防护阀门的公称压力不应小于 1.0MPa；防护阀门应采用阀芯为不锈钢或铜材质的闸阀或截止阀"。《自动喷水灭火系统设计规范》GB 50084—2017 第 6.2.7 条："连接报警阀进出口的控制阀应采用信号阀。当不采用信号阀时，控制阀应设锁定阀位的锁具"；6.3.3 条："当水流指示器入口前设置控制阀时，应采用信号阀"；10.1.4 条："当自动喷水灭火系统中设有 2 个及以上报警阀组时，报警阀前应设环状供水管道。环状供水管道上设置的控制阀应采用信号阀；当不采用信号阀时，应设锁定阀位的锁具"。

水流指示器入口前设置信号阀的目的是防止误操作造成供水中断，当不采用信号阀时，可用锁定阀位的锁具替代。两本规范的要求不冲突，水流指示器前的防护阀门（阀芯为不锈钢或铜材质的闸阀或截止阀）采用带锁定阀位的锁具可满足两本规范的要求。具体做法可参考：穿过人防墙时，先设置带锁定阀位锁具的防护阀门，再设置消防信号蝶阀，最后是水流指示器。

当信号阀采用消防信号闸阀时，同时满足公称压力不小于 1.0MPa 的不锈钢或铜材质的闸阀，此时的消防信号闸阀可兼做人防的防护阀门，也满足两本规范要求。

63.《人民防空地下室设计规范》GB 50038—2015 第 6.2.13 条要求：防护阀门应有明显的启闭标志。暗杆闸阀可否使用？

不建议使用暗杆闸阀。原因是：①未做过爆炸试验；②启闭标志不如明杆闸阀直观。

64. 如何制作给水排水管道上的套管？

[问题补充]：《人民防空地下室设计规范》GB 50038—2005 第 6.1.2 条要求：符合以下条件之一的管道，在其穿墙（穿板）处应设置外侧加防护挡板的刚性防水套管：①管径大于 DN150 的管道穿过人防围护结构时；②管径不大于 DN150 的管道穿过核 4 级、核 4B 级的甲类防空地下室临空墙时，图集上只有不大于 DN100 的大样图尺寸。DN100 以上的套管应参照什么制作？

大于 DN100 的穿管，其防护密闭套管做法可参考图集《防空地下室给排水设施安装》07FS02 中防护密闭套管安装图 C 型、D 型、E 型、F 型的方式施工，如图 2-10~ 图 2-13 所示。

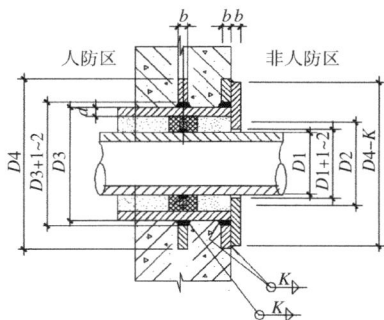

刚性防水套管尺寸表

DN	D1	D2	D3	D4	d	b	K
50	60	80	114	225	3.5	10	4
65	75.5	95	121	230	3.75	10	4
80	89	110	140	250	4	10	4
100	108	130	159	270	4.5	10	5
125	133	155	180	290	6	10	6
150	159	180	219	330	6	10	6
200	219	240	273	385	8	12	8

图 2-10　防护密闭套管安装图（C 型）

由于人防工程强调防护及密闭性，故不建议穿越人防围护结构的管道管径过大。当遇到特殊情况可考虑其他方式穿越人防围护结构（如为该管道专门设置人防门洞，平时用于管道穿越，临战拆除管道关闭防护门完成临战转换）。

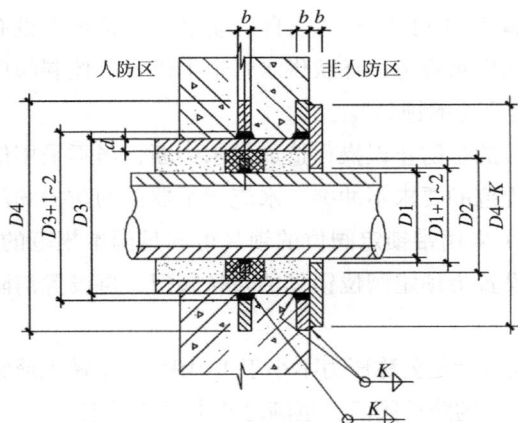

刚性防水套管尺寸表

DN	D1	D2	D3	D4	d	b	K
50	60	80	114	225	3.5	10	4
65	75.5	95	121	230	3.75	10	4
80	89	110	140	250	4	10	4
100	108	130	159	270	4.5	10	5
125	133	155	180	290	6	10	6
150	159	180	219	330	6	10	6
200	219	240	273	385	8	12	8

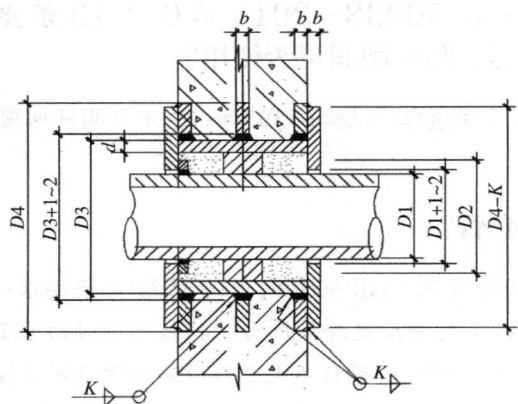

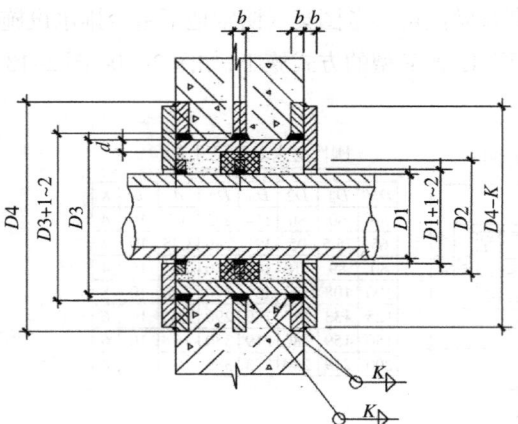

图 2-11　防护密闭套管安装图（D 型）

刚性防水套管尺寸表

DN	D1	D2	D3	D4	d	b	K
50	60	80	114	225	3.5	10	4
65	75.5	95	121	230	3.75	10	4
80	89	110	140	250	4	10	4
100	108	130	159	270	4.5	10	5
125	133	155	180	290	6	10	6
150	159	180	219	330	6	10	6
200	219	240	273	385	8	12	8

图 2-12　防护密闭套管安装图（E 型）

刚性防水套管尺寸表

DN	D1	D2	D3	D4	d	b	K
50	60	80	114	225	3.5	10	4
65	75.5	95	121	230	3.75	10	4
80	89	110	140	250	4	10	4
100	108	130	159	270	4.5	10	5
125	133	155	180	290	6	10	6
150	159	180	219	330	6	10	6
200	219	240	273	385	8	12	8

图 2-13　防护密闭套管安装图（F 型）

65. 防护挡板如何设置？

【问题补充】：有两个问题想请教一下，第一个是关于给水排水防护挡板的问题，按照规范管径大于 150mm 时需要加装防护挡板，还是说只需考虑它是否是穿防护密闭墙或者两个单元间防护密闭隔墙这种情况来判断是否需要加挡板？第二个问题是，如果加挡板的话会和末端出墙 40mm 冲突，挡板不能和结构面贴合。只能先出墙 40mm 后加装挡板，法兰和挡板采用螺栓连接，有这种情况么？

（1）依据《人民防空地下室设计规范》GB 50038—2005 第 6.1.2 条，符合以下条件之一的管道，在其穿墙（穿板）处应设置外侧加防护挡板的刚性防水套管：

①管径大于 DN150 的管道穿过人防围护结构时；

②管径不大于 DN150 的管道穿过核 4 级、核 4B 级的甲类防空地下室临空墙时。

（2）依据《人民防空工程质量验收与评价标准》RFJ 01—2015 第 7.6.1 条：当管道穿越防护密闭隔墙时，必须预埋带有密闭翼环和防护抗力片的密闭穿墙短管。当管道穿越密闭隔墙时，必须预埋带有密闭翼环的密闭穿墙短管。

（3）防护密闭套管应在绑扎钢筋时就完成预设，预设时应直接焊接墙面钢筋，突出 40mm 和设置防护挡板并不冲突，管道和填充材料施工完毕后，再实施挡板和固定法兰焊接。如果在绑扎钢筋时未直接将挡板和钢筋满焊，转而采用螺栓连接后加挡板的方式，和《人民防空工程设计规范》GB 50038 中要求的套管一体预埋要求不符。

66. 哪类管道严禁进入人防工程内？

【问题补充】：根据《人民防空地下室设计规范》GB 50038—2005 第 3.1.6 条：与防空地下室无关的管道不宜穿过人防围护结构。此条规定定义模糊，可否根据城市防护级别给出具体功能管道的界定，到底是否可以进入（包括管径的限定范围）。否则设计过程中无法很好地把控。

《人民防空地下室设计规范》GB 50038—2005 第 3.1.6 条的要求，可以这样理解：

（1）与防空地下室无关的管道不宜穿过人防围护结构；上部建筑的生活污水管、雨水管、燃气管不得进入防空地下室。

解析：生活污水管、雨水管不论是上部建筑还是防空地下室以外的管道（常见的有坡道截水沟排水，此部位排水应归结为外部雨水，消防电梯集水井排水也应按此条要求执行）不得进入防空地下室内；另外规范明确要求燃气管不得进入防空地下室。易引起争议的是如何界定与防空地下室无关的管道，建议不要按管道类别去分析，而是直接根据该管道系统是否同时供给防空地下室来确定。比如消火栓系统管道，常有高低区之分，而防空地下室通常只需要用到低区消火栓供水管道，该管道同时供给防空地下室和其他单体，这样的管道可以在防空地下室内布置，同时接出供其他单体的接口（原则上应减少此类接口直接穿越人防顶板，尽可能地采用穿越侧墙并在人防内侧设置防护阀门的方式接出人防范围）。采用这种方式布置时，应避免此消防管道形成另外一种情况，即由人防范围内的消防环管接出管道供至非人防范围，再由非人防范围内的环管上接管再次进入人防范围的方式。而高区消火栓管道常规出现的情况是干管仅在地下室范围布置，遇到需要供给的单体则接出供水管，此部分管道并不供给防空地下室任何一个系统，则此部分管道即属于与人防无关的管道，应按规范要求执行，不应在防空地下室范围布置并穿越人防围护结构。其他类型的管道系统均可参考前述理解执行，即主要是看该管道是否同时供给防空地下室。

（2）穿过防空地下室顶板、临空墙和门框墙的管道，其公称直径不宜大于150mm。

解析：按此条规范要求，符合前一条要求的管道穿过防空地下室顶板、临空墙和门框墙处时，其公称直径应按规范要求执行，即不大于150mm，若存在大于150mm的情况，还是需要设法将该部分管道布置范围在设计之初调整至非人防范围。

（3）第三条要求不存在争议，不再赘述。

67. 人民防空物资库是否需要存贮人员饮用水？

【问题补充】：（1）《人民防空物资库工程设计标准》RFJ 2—2004第5.1.3条：人防物资库内部可不设人员生活饮用水池（箱）及该条款的条文解释内容；（2）图集《防空地下室给排水设计示例》09FS01第38页"防空地下室战时用水量表"中明确有人员饮用水项；请问：上述两处是否矛盾，是否可将RFJ 2—2004中第5.1.3条文及条文解释内容作为物资库不存贮人员饮用水的依据？

（1）《人民防空物资库工程设计标准》RFJ 2—2004第5.1.3条：人防物资库内部可不设人员生活饮用水池（箱）及该条款的条文解释中仅是提出可以不设，但是并未用"应"或者"必须"来明确不应设置。

（2）《人民防空地下室设计规范》GB 50038—2005第6.2.3条的用水量标准表，配套工程饮用水的水量标准为 $3 \sim 6L/$（人·d），而物资库在人防工程分类中归属于配套工程。根据此条，设计物资库水箱预留部分饮用水量合乎规范要求。

（3）《防空地下室给排水设计示例》09FS01第38页物资库示例中物资库水箱预留了饮用水，主要考虑到物资库战时虽然以贮备物资为主，但是工程仍然会配套有少量的物资管理人员，为这部分人员预留一定的战时饮用水也符合人防战时的要求，与《人民防空物资库工程设计标准》RFJ 2—2004第5.1.3条并不冲突。

（4）综合考虑，物资库的水箱一般很小，预留出 $1 \sim 2m^3$ 的饮用水量，并设置饮用水不被挪用的措施并不会对整个平战转换工作量有多大影响，但是战时却能有效保障物资库内管理人员的饮用水贮备，从战备效益和经济效益两方面考虑都是值得推荐的。

第 3 章

给水系统

68. 人防工程内单独设置的混凝土水池是否需要设置双墙?

（1）《建筑给水排水设计标准》GB 50015—2019 第 3.8.1-5 条:"水池（箱）外壁与建筑本体结构墙面或其他池壁之间的净距，应满足施工或装配的要求，无管道的侧面，净距不宜小于 0.7m;安装有管道的侧面，净距不宜小于 1.0m，且管道外壁与建筑本体墙面之间的通道宽度不宜小于 0.6m;设有人孔的池顶，顶板面与上面建筑本体底板的净空不应小于 0.8m"。即应采用独立的结构形式，不得利用建筑本体结构的墙面、顶板作为水池（箱）的外壁。

（2）《消防给水及消火栓系统技术规范》GB 50974—2014 第 4.3 节"消防水池"中，未对消防水池的结构形式提具体要求。

（3）《人民防空地下室设计规范》GB 50038—2005 第 6.6.1 条:设置在防空地下室清洁区内，供平时使用的生活水池（箱）、消防水池（箱）可兼作战时贮水池（箱），但应有能在 3 天内完成系统转换及充水的措施。

设计在人防清洁区内的作为平时消防给水的低位水池，依据《消防给水及消火栓系统技术规范》GB 50974—2014 不需要建双池壁。在临战转换时，功能已改变为战时生活饮用水池。战时生活饮用水水质标准比平时要求低，保障时间仅 15 天，审图专家应依据《人民防空地下室设计规范》GB 50038—2005 提战时要求，不能按照《建筑给水排水设计规范》GB 50015—2019（平时标准）对战时用水池提双池壁结构的要求。

69. 战时市政进水管是否要设水质检测管?

目前《人民防空地下室设计规范》GB 50038—2005 没有明确要求战时市政进水管要设水质检测管。常见的二等人员掩蔽工程建设数量多，一般不配备防化或水质检测的专业人员，不具备工程自行检测的条件。此外，市政供水部门有专门的检测机构，输送到市政管网的水，应该是符合供水水质标准的。如果考虑到局部市政管网的检修，导致短时间内管网水质不达标（主要是浑浊），可以设计放空管。如果工程等级高，特别是有人防自备外水源的情况，建议在工程内设计水质检测管。

70. 二等人员掩蔽工程供水设施平时可不安装，物资库的供水设施是否可以平时不安装？

根据《人民防空地下室设计规范》GB 50038—2005 第 6.6.2 条：二等人员掩蔽所内的贮水池（箱）及增压设备，当平时不使用时，可在临战时构筑和安装。但必须一次完成施工图设计，且应注明在工程施工时预留孔洞或预埋好进水、排水等管道的接口，并应设有明显标志。还应有可靠的技术措施，保证能在 15 天转换时限内施工完毕。

目前人防相关规范对物资库的设计要求还不够明确。在平战转换的具体实施上，有的省市为了减少战时临战转换的工作量及战时供水的可靠性，已明确要求二等人员掩蔽所的战时水箱及增压设备必须平时施工到位。因此，物质库的供水设施平时是否安装，也主要看工程所在地的人防主管部门是否提出要求。一般情况下，人员掩蔽所的供水重要性及保障的难度要大于物资库工程，如果当地人防主管部门不要求二等人员掩蔽工程将战时供水设施施工到位，也应不会要求物资库工程战时供水设施平时就安装。

71. 人防战时给水管是否需要各单元独立设置？能否经过非人防或非防倒塌区域？

根据《人民防空地下室设计规范》GB 50038—2005 第 3.2.8 条：防空地下室中每个防护单元的防护设施和内部设备应自成系统。当有多个防护单元时，人防战时给水管各单元独立设置，如图 3-1（a）所示，符合规范要求；当其中一个防护单元的结构或给水系统被毁坏时，不会对其他单元产生影响。但在实际设计中，有些工程由于受外部建筑红线或城市自来水公司施工条件等因素限制，选择了如图 3-1（b）的设计方案；极端情况下，当防护单元 1 被毁坏时，对其他防护单元的给水均有影响。有的设计人员理解是各防护单元内水箱临战前加满水，所以可以用（b）方案，但（a）方案更便于战时供水的管理及战后的抢修抢建。

从有利于人防给水引入管的防护能力分析,应优先从地下室侧墙（非临空墙）引入；

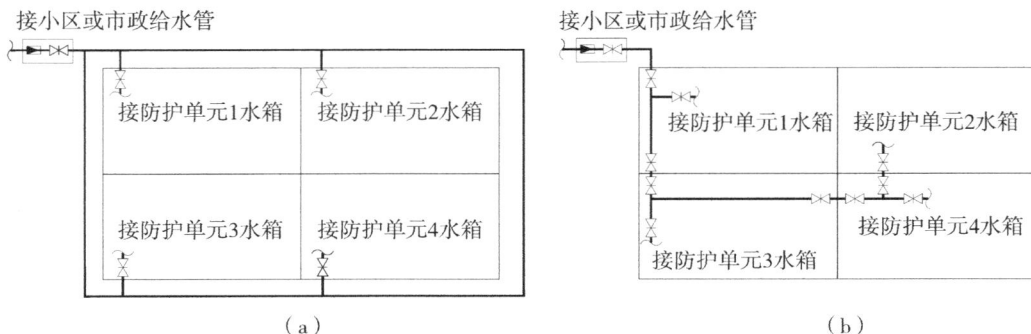

（a）　　　　　　　　　　　　　　（b）

图 3-1　战时给水管接入防护单元示意图

由于室外管段有地面覆土层的保护，有利于引入管段的防护。当条件不具备时，从临近非人防区域引入也是可行的，引入管穿围护结构处，需按照穿临空墙进行密闭施工。引入管穿非人防区域，应尽量避开可能有结构倒塌的区域，以免增加外部引入管段损坏的风险。

有些城市小区生活用水不允许直接从市政管网接入，小区必须设置水箱，加压后供水。此时，则没有必要各单元从外部独立进水；小区平时生活用水水池及泵房宜建在人防区域，提供战时供水，保障其安全性。

72. 有些地区要求人员掩蔽工程内厕所设置冲洗蹲便或坐便、洗手盆等，总水量及设计秒流量、使用时间等如何确定？

《人民防空地下室设计规范》GB 50038—2005 中对人员掩蔽工程战时厕所的设置，是按干厕标准要求的，未考虑水冲厕所。国家标准是必须满足的最低标准，若部分地区要求人员掩蔽工程战时设水冲厕所，设计院可以要求工程所在地人防主管部门明确战时人员用水量、贮水量等相关标准。如人防主管部门未提出新的标准，当设计战时水冲厕所时，需将工程战时生活用水水箱、饮用水箱分开设置，确保战时人员饮用水不被挪用。水冲厕所给水管设计秒流量宜按《建筑给水排水设计标准》GB 50015—2019 中的宿舍（设公用盥洗卫生间）计算。

73. 战时用水的供给采用变频给水设备时，是否设置备用泵？手摇泵的设计参数如何确定？

《人民防空地下室设计规范》GB 50038—2005 第 6.2.10 条规定："生活用水、饮用水、洗消用水的供给，可采用气压给水装置、变频给水设备或高位水池（箱）。战时电源无保证的防空地下室，应有保证战时供水的措施。"

《建筑给水排水设计标准》GB 50015—2019 第 3.9.1-4 条规定："生活加压给水系统的水泵机组应设备用泵，备用泵的供水能力不应小于最大一台运行水泵的供水能力，水泵宜自动切换交替运行。"同样，变频泵组备用泵的设置也应满足此要求。

手摇泵主要按保障 1 个口部墙面、地面洗消增压供水。防空地下室口部染毒区墙面、地面的冲洗，根据《人民防空地下室设计规范》GB 50038—2005 第 6.4.5-3 条："应设置供墙面及地面冲洗用的冲洗栓或冲洗龙头，并配备冲洗软管，其服务半径不宜超过 25m，供水压力不宜小于 0.2MPa，供水管径不小于 20mm。"同时结合《建筑给水排水设计标准》GB 50015—2019，卫生器具的给水额定流量：洗涤盆（单阀水嘴）额定流量 0.30~0.40L/s，连接管管径 DN20，最低工作压力 0.05MPa；洒水栓额定流量 0.4L/s，连接管管径 DN20 或 0.7L/s，连接管管径 DN25；最低工作压力 0.05 ~ 0.10MPa。手摇泵的流量宜选 0.4~0.7L/s。

当考虑该手摇泵兼顾战时生活用水加压供水时，手摇泵流量按盥洗间设置的取水龙头 100% 使用考虑校核设计流量，取大值。

74.《人民防空地下室设计规范》GB 50038—2005 对战时饮用水水质的要求比平时饮用水水质的要求低，是否合理？如何保证饮水安全？

《人民防空地下室设计规范》GB 50038—2005 中关于生活饮用水的水质区分了平时和战时，且战时的标准低于平时标准。主要原因是：

（1）平时执行的《生活饮用水卫生标准》GB 5749—2022，是一个要求很高的标准，大多数城市的自来水厂，也难以做全项检测；在战时，绝大多数工程是没有条件进行全项检测的。

（2）防空地下室战时供水的基本模式是临战前从城市自来水管网引水至工程内部存贮。在城市自来水合格的前提下，存贮使用过程的主要额外风险有：

①贮水池（箱）的池壁溶解少量物质进入水中；

②贮水接触空气及池壁后，受到一定的污染，导致细菌数量增加。

其中第一种额外风险，由于接触时间最长 15 天，即使是采用混凝土水池，也可忽略，虽然平时的供水标准中已不允许采用混凝土水池做生活饮用水水池，但战时标准是允许的，目的是希望利用各种条件，能将战时用水贮存起来，首先解决供水量的问题。第二种额外风险，是相对好解决的问题，可以采用在饮用水出水管上加紫外消毒灯、临时向水箱投加饮用水消毒剂、设水箱自洁装置等措施；此外，《人民防空地下室设计规范》GB 50038—2005 中提到开水供应，建议设计开水器。

从上述战时供水模式可以看出，战时饮用水水质标准低于平时标准是合理的，为战时生活饮用水供应系统设计消毒措施也是必要的。

75. 战时生活、饮用水箱是否应设置水箱自洁消毒装置？

[问题补充]：生活水箱、饮用水箱单独设置，规范只对生活饮用水的水质有要求，对生活用水的水质没有要求，生活水箱是否需要设置水消毒设备？

生活饮用水标准包含生活用水和饮用水，不存在生活饮用水和生活用水两种标准。是否需要设置水箱消毒装置，人防规范没有明确，参照地上建筑给水排水设计的规范，现阶段能设的应该尽量设。

现在的战时生活贮水箱里面不仅贮存墙面、地面等处的洗消用水，还根据不同防护单元功能要求，贮存人员淋浴洗消用水、人员简易洗消用水等，这些用水均与人体肌肤有直接接触，应该对水质有所要求。而且随着现在经济社会的发展，理应提高应急保障能力及技术水平。从给水排水技术发展要求来说，防水质污染、保证水质安全已经得到极大重视，比如，《建筑给水排水设计标准》GB 50015—2019 中第 3.3.20 条规定："生活饮用水池（箱）应设置消毒装置。"这条规定以前版本也有，现在升级为强制性条文。

此外，依据《二次供水工程技术规程》CJJ 140—2010 第 6.5.1 条：二次供水设施的水池（箱）应设置消毒设备。所以不论是生活还是饮用水箱（池），均需设置消毒设施。但是没有自备电站的工程，战时电源无保证，不能保证消毒设备能正常使用，战时应考虑加氯等简易消毒措施。

战时生活、饮用水箱安装水箱消毒装置，宜安装管道式紫外消毒器，也可以采取其他更简易的消毒措施。水箱消毒一般采用电解、臭氧发生器、紫外消毒等原理控制水中细菌学指标，安装方式有外置式、内置式、管道式等。紫外消毒器一般采用管道式，主要用于建筑给水中的二次供水水箱消毒。

76. 有审图人员坚持将人防饮用水水池设置消毒装置作为强制性条文提出是否合理？

现行《工程建设标准强制性条文》（人防工程部分）中涉及防空地下室给水排水工程设计的强制性条文，均为《人民防空地下室设计规范》GB 50038—2005 中所列强制性条文，没有对人防战时水箱的水消毒提出强制性措施。由于战时人防给水在贮水量满足规范要求的前提下，贮水最大的风险是细菌超标；在战时给水系统设计中，建议为饮用水箱设计消毒措施，如紫外线消毒或投加缓释饮水消毒剂。如设计中没有设消毒措施，目前不能算违反强条，审图专家意见可作为设计优化意见接受。是否列入强制性条文，需待《人民防空地下室设计规范》GB 50038—2005 下一次修编时才能明确。

77. 战时给水增压泵出水管能否与市政进水管连通？依据是什么？

战时给水增压泵出水管与市政进水管可以连通。目前绝大多数设计方案是市政进水管只接入人防工程战时供水箱，战时给水泵再从人防工程战时水箱吸水，为工程内部给水系统增压供水。如果将战时给水泵出水管与工程引入的给水管连通（需在市政引入管上加单向阀，防止内部水泵增压时，水箱的供水流向市政管网），可以更好地利用市政管网的供水保障能力。即在市政管网有水时，优先利用市政管网的水；当市政管网停水或工程外部遭受核生化打击后或工程进入防护状态（滤毒式通风或隔绝式通风或清洁式通风）时，启动内部增压泵供水。

需特别说明的是，《建筑给水排水设计标准》GB 50015—2019 第 3.1.2 条："自备水源的供水管道严禁与城镇给水管道直接连接"，其条文解释："所谓自备水源供水管道，即所建工程内设有一套从水源（非城镇给水管网，可以是地表水或地下水）取水，经水质处理后供工程内生活、生产和消防用水的供水系统"。《人民防空地下室设计规范》GB 50038—2005 第 6.2.1 条条文解释中已明确"内部设置的贮水池（箱）在本条规范中不属于自备内水源"。由以上两本规范的条文解释可以得出"防空地下室贮水箱不是自备内水源"，不适用《建筑给水排水设计标准》GB 50015—2019 中的 3.1.2 条。如果工程内部设了自备内水源（水井），则战时给水水泵出水管不能与市政进水管连通。

78. 专业队装备掩蔽部是否按配套工程计算用水量，使用人员数量如何计算？

专业队装备掩蔽工程不同于人防物资库，属于防空专业队队员掩蔽部的配套工程，在战时按内部可染毒考虑，人员不在装备掩蔽部长时间停留，内部不考虑贮存人员生活饮用水。

79.《人民防空地下室设计规范》GB 50038—2005 对内水源井水量等参数并无太多要求，实际设计该如何选用？

内水源是指设在防空地下室内部的水源。受到人防围护结构的防护，能避免冲击波的破坏。如设置在清洁区，由于含水层的过滤、吸附等物理、化学等因素的作用，一般能保证一定时期内（一般大于工程战时供水保障时间）供水的水质免受室外地面污染物的污染，保证供水水质的安全。但因为水源井的出水量除受水井类型及结构的影响外，还特别受限于人防工程建设场地的水文地质条件，且人防工程建设地理位置的确定，受影响的因素比较多，一般不会考虑能否建自备内水源因素。所以自备水源井的建设只考虑有适合水文地质条件的工程，不好进行强制性要求。当人防工程建设场地有建水源井的条件时，优先按区域供水站（或保障多个防护单元）设计；供水量按照战时用水量标准、保障人数保障时间及设备、洗消用水量等一并考虑，折算为水源井的小时出水量或日出水量。水源井有多种类型，从水质安全及维护管理的方便性考虑，一般建设机井。不宜采用大口井、渗水井等以收集浅层地下水为水源的取水方式。

80. 战时饮用水与生活用水合并贮存，采用提高生活用水出水管标高以保证饮用水不被挪用是否合适？

《人民防空地下室设计规范》GB 50038—2005 第 6.2.9 条规定："饮用水的贮水池（箱）宜单独设置。若与生活用水贮存在同一贮水池（箱）中，应有饮用水不被挪用的措施。"有的工程根据规范条款，在清洁区内设置一个生活用水与饮用水共用的水池（箱），同时为了保证饮用水不被挪用，将生活用水的出水管或出水龙头的标高抬高。该标高以下至饮用水出水管或出水龙头处的水池（箱）贮水容积满足饮用水的贮水容积要求，如图 3-2 所示。此做法实际上是借鉴了平时给水排水设计中生活水箱与消防水箱合并设置保证消防用水不被挪用的措施。然而仔细分析，在战时给水设计中，这样的措施虽然保证了战时饮用水的量，却无法保证战时生活用水的量。因为下方的饮用水龙头取

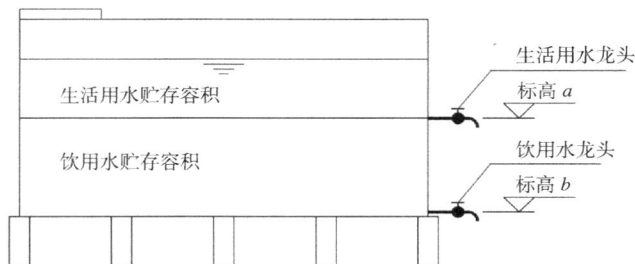

图 3-2　饮用水不被挪用措施示例一

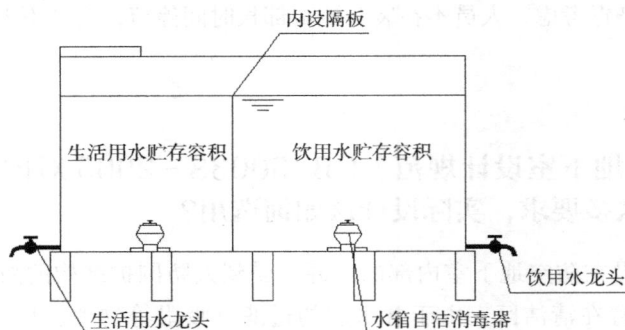

图 3-3　饮用水不被挪用措施示例二

水时，首先减少的是水箱上部分生活用水的容积。很容易看到，当水箱水位降至"标高 a"之前，不管从哪个龙头取水，消耗的都是生活用水的贮水量。虽然规范中并无条款明确规定应有战时生活用水不被挪用的措施，但对于生活用水的用水标准和贮水时间是有明确规定的，也有最小贮水量的要求。因此这样的设计方案显然不合理。建议尽量按《人民防空地下室设计规范》GB 50038—2005 中第 6.2.9 条规定的前半句执行，即"饮用水的贮水池（箱）宜单独设置"。那么，当受空间限制，将生活及饮用水箱分开设置确有困难时，应该如何处理呢？建议可采用将水箱的贮水空间进行竖向分隔的方法，如图 3-3 所示。

因战时生活用水和饮用水是同时供给的，如共用水箱，很难保证人员正常用水量。建议战时生活水箱与饮用水箱分别独立设置，这样才能保证不被挪用，因为饮用水、生活用水在战时都在使用，这不同于平时消防与生活饮用水。

81. 防空地下室二等人员掩蔽工程、物资库的生活水箱给水增压泵是否需要设置为一用一备？

《建筑给水排水设计标准》GB 50015—2019 第 3.9.1-4 条规定："生活加压给水系统的水泵机组应设备用泵，备用泵的供水能力不应小于最大一台运行水泵的供水能力；水泵宜自动切换交替运行。"条文解释："本款提出生活给水系统需要设置备用泵，以及备用泵的供水能力等要求，是为了保证生活给水系统的安全运行。当某台水泵发生了故障时，备用泵应立即投入运行，避免造成供水安全事故"，由此可见，战时的给水系统应设置备用泵。

82. 战时饮用水箱、生活水箱布置的原则是什么？

水箱布置需考虑以下因素：

（1）水箱的布置应避开抗爆挡墙，水箱外壁与挡墙之间的距离应满足《建筑给水排水设计标准》GB 50015—2019 中第 3.8.1-5 条的要求："无管道的侧面净距不宜小于 0.7m，安装有管道的侧面，净距不宜小于 1.0m，并应不影响人员通行。"

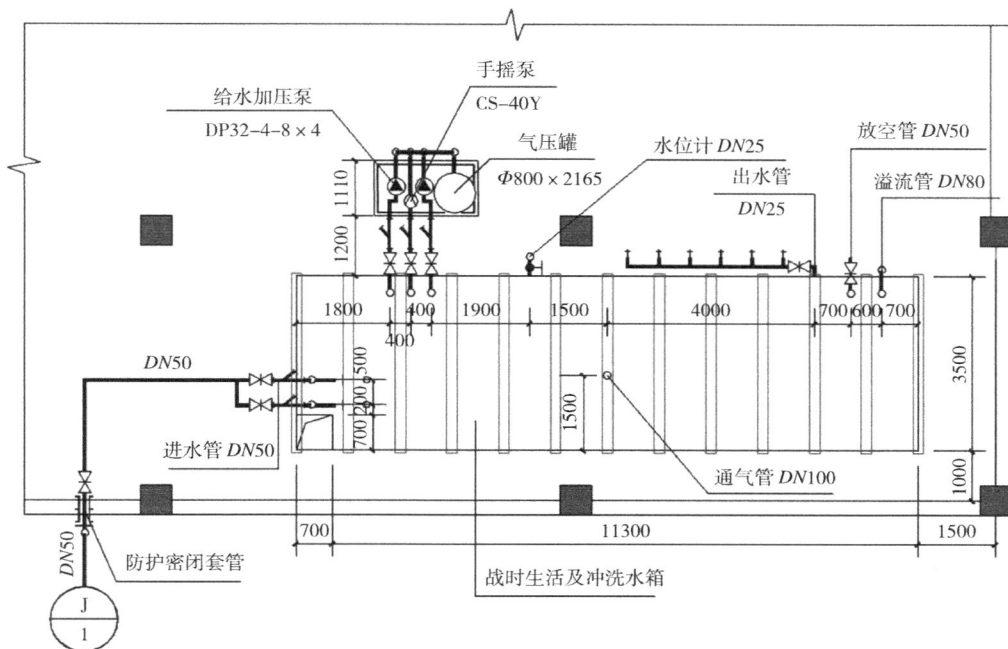

图 3-4　战时水箱平面布置示例图

（2）水箱的布置高度应考虑风管、结构梁、柱帽的影响。水箱顶板与上面建筑本体板底的净空不应小于 0.8m，水箱底与房间地面的净距，当有管道敷设时不宜小于 0.8m。

（3）水箱宜布置在战时进风口附近，避免靠近战时干厕，以减少不洁空气对水的污染。

（4）战时水箱不宜布置在临战封堵区域附近。

（5）装配式战时水箱平面尺寸不宜过大，防止水箱基础水平度不足，使得水箱充水后变形、漏水。

（6）战时水箱与战时集水坑宜临近布置，便于水箱消毒、清洗、人员就近洗漱排水。
战时水箱平面布置示例如图 3-4 所示。

83. 二等人员掩蔽工程内已设有盥洗室，是否还需要在战时生活水箱上设置取水龙头？

战时饮用水水箱应该设置水龙头。生活水箱主要看盥洗间配置的水龙头数量，如果水龙头数量满足《全国民用建筑工程设计技术措施－防空地下室》第 5.2.8 条的要求，生活水箱可不设置水龙头，否则就应该按技术措施的要求增加水龙头。

84. 人防工程战时饮用水是否优先采用桶装水？

从经济和管理方面分析，人防战时饮用水采用桶装水更好。方便分配管理，避免哄抢，易于个人保管，无需携带口杯，节省造价（不需安装战时饮用水箱、无需清洁消毒成本），不用担心水质问题。但战时桶装水的生产保障能力有限，不适合全民保障，大概率发生临战前买不到桶装水的情况。此外，桶装饮用水占地面积较大，影响工程使用。所以人防工程仍需设饮用水箱作为保障，桶装水只能作为辅助和额外保障的措施。对人防物质库工程等战时贮水量较少的场所，可采用在临战前贮备桶装水等办法存贮所需饮用水量。

85. 防空地下室贮水池是否需要采用独立结构形式？

战时生活饮用水的水质以满足生存为目的，在临战前对水池进行必要的清洗消毒，补充新鲜自来水。战时短时间内存贮饮用水的混凝土池，不会对人体健康造成影响。战时水池在清洁区，清洁区为密闭空间，不会沾染生化战剂而使水池受到污染。

根据《人民人防工程设计规范》GB 50038—2005 第 6.6.1 条："消防水池（箱）可兼做战时贮水池（箱）"，因消防水池（箱）没有要求应满足《建筑给水排水设计标准》GB 50015—2019 第 3.3.16 条的要求，故并不要求仅供战时使用的防空地下室贮水池采用独立结构形式。

86. 专业队队员掩蔽部设置水冲厕所时，冲洗厕所用水量是否需要存贮，用水量按什么标准计算？

如果战时考虑使用水冲厕所，冲洗厕所用水量就需要存贮，用水量可以参考医疗救护工程的用水量，里面含有水冲厕所的用水量。专业队工程战时设水冲厕所，在存贮冲厕用水时，还需考虑冲厕排水存贮，整体上会增加工程造价。这属于超标准设计，如政府主管部门有这方面的要求，也可由地方政府主管部门提出具体设计参数。

87. 战时给水泵采用一用一备的形式，是否有电动或手动的要求？

战时给水泵按一用一备设置电动给水泵是基本要求。战时电源有保证的防空地下室，可不设手摇泵。战时电源无保证的防空地下室，还应设置手摇泵备用。有条件时也可采用高位水箱自流供水。

88. 人防医疗工程第一密闭区给水管应如何设置？

依照《人民防空医疗救护工程设计标准》RFJ 005—2011 第 5.2.12 条："第一密闭区和第二密闭区（清洁区）的给水管道应自贮水箱（池）的出水管（或给水泵出水管）处分别独立设置"。第一密闭区属于轻微染毒，由分类急救部和通往清洁区的第二防毒通道、洗消间等组成。通常做法是：给水加压泵（一用一备）的总出水管分成两路，一路进入第一密闭区（第二防毒通道、洗消间、分类厅等染毒房间），起始段设置控制阀门及倒流防止器；另一路设置控制阀门进入第二密闭区的各个房间。

89.《人民防空医疗救护工程设计标准》RFJ 005—2011 中 5.2.8 条技术设备用水量如何考虑？

技术设备用水量按工艺要求确定，根据工程的实际情况进行具体分析。各房间的用水器具可参考《人民防空医疗救护工程设计标准》RFJ 005—2011 附录 A 房间最小使用面积及主要设施。

90. 如何理解预埋密闭套管是否出墙的问题？

【问题补充】：《人民防空工程质量验收与评价标准》RFJ 01—2015 中条文解释 7.6.5 与本条规范规定相互矛盾（本条规定密闭穿墙管做套管时，填料长度应为管径的 3～5 倍，但条文解释又说如果设计采用穿墙短管不出墙的办法也可以），以哪个为准？

（1）《人民防空工程质量验收与评价标准》RFJ 01—2015 中 7.6.5 条："密闭穿墙短管两端伸出墙面的长度应符合下列规定：……2 给水排水穿墙短管不应小于 40mm；"和 7.6.6-1 条"……填料长度应为管径的 3～5 倍，且不得小于 100mm"，如果做套管的情况下，穿墙短管不伸出墙面。在遇到 DN150 以上的套管时候，依据 7.6.6 条填料长度应为 450mm，大于一般人防工程墙体厚度，无法满足长度要求。所以按照 7.6.5 条给水排水穿墙短管伸出墙面的要求是合理的，具体伸出的长度应根据管径在结合填料长度确定，不得小于 40mm。

（2）考虑目前我国多数城市人防战时给水设备安装仅预留套管，临战再正式安装人防给水管并填充材料密封套管，套管伸出墙面的情况下，在临战转换时能保证填入更多的石棉水泥，确保密闭处理后的套管能满足人防抗力要求，对于平战转换时给水管道的安装也是有利的；另外，相对于嵌在墙内的套管，突出墙面的套管显然更方便施工人员安装套管内的水管和填充材料，方便施工，建议工程的实际验收和评价以《人民防空工程质量验收与评价标准》RFJ 01—2015 中第 7.6.5 条和第 7.6.6 条的规范正文为准。

（3）应该以正文为准，《人民防空工程施工及验收规范》GB 50134—2004 中 10.1.6-2 条的正文表述和《人民防空工程质量验收与评价标准》RFJ 01—2015 中的 7.6.5-2 条也是完全一致的。

91.《人民防空医疗救护工程设计标准》RFJ 005—2011 中工作人员水量表是否含有手术室用水，如不含，手术室用水量如何确定？

《人民防空医疗救护工程设计标准》RFJ 005—2011 的工作人员水量表中已包含手术室用水量。理由是《人民防空医疗救护工程设计标准》RFJ 005—2011 中第 5.2.11 条："手术室应设置洗手水龙头，并应按每手术台设 1～2 个洗手水龙头，且宜采用脚踏式或自动感应式水龙头"。考虑手术室内只有几个洗手盆，用水量不是很大，手术室与其他用水房间一样，用水量已包含在工作人员用水量中，《人民防空医疗救护工程设计标准》RFJ 005—2011 就没有单独罗列手术室用水量。

92. 人防食品站工程人员定额怎么计算？

食品站和物资库一样，均属于人防的配套工程，可参照物资库，一般按 20 人进行设计或由当地人防主管单位确定进行设计。

93. 目前市场上钢塑复合管品种较多，人防工程设计应如何选择？

钢塑复合管根据管材的结构分类为：钢带增强钢塑复合管、无缝钢管增强钢塑复合管、孔网钢带钢塑复合管以及钢丝网骨架钢塑复合管。《人民人防工程设计规范》GB 50038—2005 第 6.2.14 条所指的应是以无缝钢管、焊接钢管为基管，内壁涂装高附着力、防腐、食品级卫生型的聚乙烯粉末涂料或环氧树脂涂料的钢塑复合管。所以应慎重选择钢塑复合管作为战时穿人防围护结构给水排水管材。

94. 镀锌钢管目前已经不作为平时给水排水的推荐管材，人防区是否也应考虑优先采用钢塑复合管等其他符合要求的管材？

（1）《人民防空地下室设计规范》GB 50038—2005 第 6.2.14 条规定："防空地下室的给水管管材应符合以下要求：穿过人防围护结构的给水管道应采用钢塑复合管或热镀锌钢管；防护阀门以后的管道可采用其他符合现行规范及产品标准要求的管材"。

（2）从条文可以看出，规范对给水管材的要求以防护阀门为界，防护阀门至工程外部的管段，从防护要求出发，要求采用"钢塑复合管或热镀锌钢管"。冲击波已被防护阀门挡住了，不会对防护阀门之后的管段产生破坏；所以工程中防护阀门之后的管段所采用的管材，人防规范没有特别的要求。

（3）通过施工现场验收过程中发现的问题，在满足规范的前提下，工程内部采用 PPR 等塑料管材应该没有什么问题，不管图纸中如何明确穿越密闭墙及防护密闭墙时应采用衬塑钢管，仍常见塑料管直接穿墙的情况，且 PPR 管要求的支吊架距离较近，随着衬塑钢管的普及和价格的降低，建议工程内采用钢塑复合管好些。

95. 给水排水管道的连接方式是否可以采用卡箍连接？

江苏省人防办《江苏省人民防空工程建设平战转换技术管理规定》的通知（苏防〔2018〕70 号）规定：消防、给水排水管线穿越人防围护结构时，应在前期土建施工时预留钢制密闭套管，应在穿越人防围护结构的管线距墙不大于 200mm 处安装防护阀门（1.0MPa 以上铜芯闸阀），防护阀门的连接安装应使用焊接法兰短管，不允许使用卡箍连接件。

《人民防空工程施工及验收规范》GB 50134—2004 中第 11.3.4 条规定：闸阀与管道应采用法兰连接。所以工程内部各类管道的连接安装方式可参照平时要求，但防护阀门的连接方式应按规定要求采用焊接法兰短管连接的方式，不允许使用卡箍连接。

96. 某地区人防部门要求人防工程的进水管需设置专用管道，而且还要求设置水表，这要求合理吗？

人防工程给水管的引入，应本着方便就近的原则，工程内非人防区域有平时给水管线，可以从其管道上接入。有些地区的市政自来水公司在小区配套时，专门给人防预留了水表，那么就可以在预留的水表后接入给水管。同时，设置专用管道和水表，有利于监测战时给水系统是否漏水；部分地区人防用水免费，设置专用系统，有利于防止偷水行为。

第4章
排水系统

97. 人防医疗工程手术部废水与污水能否合并在一个集水池排出？

　　人防医疗工程手术部废水与污水可以合并在一个集水池中排出。参照国家医疗救护工程的相关设计标准、导则，医院的污水、废水也可以合流，但强调需要经过医院自设的污水处理设施处理达标后，才能排入市政污水管道。对医疗救护站内的废水、污水，不在人防工程内部自建污水处理设施，直接排入地面医院自建的污水处理站（装置）集中处理。医疗救护站内部废水、污水集水池的具体设置，还需要考虑排水点的位置、排水管的布置、建筑平面布局等因素，确定是汇入一个坑或多个坑。

98. 二等人员掩蔽工程战时干厕，设多大的污水集水池合理？是否需要设置固定排水泵？

　　目前还没有防空地下室干厕标准洁具产品，各地在人防平战转换演练中，一般采用便桶、塑料袋等简易措施，同时在男女卫生区之间设了盥洗龙头。理论上讲，根据《人民防空地下室设计规范》GB 50038—2005 第 6.3.5 条，二等人员掩蔽工程需要设污水集水池，集水池的贮备容积必须满足战时隔绝防护时间内的生活污水排放量的 1.25 倍。以战时掩蔽 1000 人、饮水量标准取 3L/（人·d）、生活用水量 4L/（人·d）的标准测算。隔绝防护时间为 3h，贮备池容积为：

$$V_c = 1.25 \times \frac{1000 \times (3+4) \times 3}{24 \times 1000} = 1.09 \text{m}^3$$

　　这种情况下 1m×1m×1m 的集水坑容积偏小。该 1000 人掩蔽工程，生活用水保障时间取 7 天，饮水保障时间 15 天。战时总用水量为：

$$V_{总} = \frac{1000 \times (7 \times 4 + 15 \times 3)}{1000} = 73 \text{m}^3$$

　　战时污水排放量会略小于给水用量，但总量也比较大。尽管在实际使用中有些污废物可能需要人工外运，但设置固定排水泵能保证有一个基本的排水功能，更为合理。实际设计中，战时污水集水池及排水泵宜结合平时消防废水集水池及排水泵设置。

99. 防爆地漏排水管坡度如何确定？

在防空地下室设计中，防爆地漏常用于排口部洗消废水，用丝扣连接镀锌钢管，预埋于结构底板中。其排水管的敷设坡度，宜参照《建筑给水排水设计标准》GB 50015—2019 中的生活排水铸铁管的最小坡度。当仍可能需要底板局部加厚时，可以参照《建筑给水排水设计标准》GB 50015—2019 中塑料排水管的最小坡度敷设。由于其排水属于临时性排水，且固体杂质较少，只要能有一定的坡度即可。此外，也可以通过对洗消排水量进行较为精确的计算，适当减小防爆地漏的规格，以减小其连接管在结构层中占用的空间。

100. 战时污水泵能不能全选用手摇泵？

战时污水泵均采用手摇泵不合适。具体分以下几种情况：

（1）战时水箱间、干厕附近，宜按照平战结合原则，设置固定电动泵，平时排消防废水，战时排生活污水。主要原因是战时生活、饮用水总量，多数工程达到 $100m^3$ 左右，使用时间理论上有 15 天，其中的绝大部分污水适宜用污水泵排出，可能有少量固体杂质需要人工辅助排出。

（2）设置在防护密闭门以内的战时用污（废）水集水坑，当污（废）水坑的容积不能贮存全部需要排入的污（废）水量时，宜设置固定电动泵；如当污（废）水池的容积能贮存全部需要排入的污（废）水量时，可不设固定泵，战时采用移动泵排水。从战时使用的方便性考虑，宜设置固定电动泵。

（3）设置在防护密闭门以外的洗消废水集水坑，由于缺乏防护能力，应采用移动泵排水，电气专业在集水坑附近防护密闭门内预留移动排水泵的供电插座。如果该类集水坑可以与平时雨水集水坑共用，在工程未受到冲击波作用、仅受染毒的情况下，该固定泵在战时可以利用；如果工程受到冲击波作用，需考虑平时的雨水排水泵可能受到破坏，不能正常使用，需要利用移动泵排洗消废水。

101. 战时干厕如前室无盥洗间，是否需要设置排水设施？战时污水集水池盖板是否要设密闭性盖板？

战时干厕如前室无盥洗间，宜在男女干厕位置分别设置排水地漏。在使用过程中，可能有地面冲洗的需求，设置地漏，便于排除地面冲洗废水。如干厕边上有排平时消防废水的明沟，且明沟接至排水集水坑，可以不再设排水地漏。

战时生活污水集水池，一般结合平时消防废水集水池设置。平时一般不加密闭性盖板，在战时使用中，需要加盖板，以减少臭气向工程内的扩散。由于属临时性设施，难以达到平时生活污水池盖板那种程度的密闭性。

102.汽车库平时使用的集水池是通透型盖板，是否需要设置通气管？

不需要设通气管。汽车库的消防废水（包括地面冲洗废水）集水池收集的废水不同于生活污水，含微生物易分解的有机物成分少，不宜产生有害气体。此外，其收集方式也是敞开式收集，即使有有害气体，也会通过管沟释放掉，通气管起不到通气的作用。人防工程中在通气方面有同类性质的还有：口部洗消废水集水坑、冷却废水集水坑、机房凝结废水集水坑等。此外，为提高人防工程防护的可靠性，要尽可能减少与工程外部连通的管道设置。

103.人防工程口部集水坑污水泵和配套管线设备平时安装合理吗？

（1）如果口部集水坑仅战时使用，且会受到冲击波作用，平时将固定式水泵安装到位是不合理的。这种情况适宜设计为移动泵排水。

（2）当集水坑的标高较低（如负三层），移动泵软管外排有困难时，宜在墙体中预埋外排水金属管道，在集水坑附近预留移动泵排水软管的接口。

104.《防空地下室建筑构造》07FJ02 第 101 页集水池容积计算是如何考虑的？

（1）与该问题相关的规范条文主要有：《人民防空地下室设计规范》GB 50038—2005第 3.4.10 条："防空地下室战时主要出入口的防护密闭门外通道内以及进风口的竖井或通道内，应设置洗消污水集水坑。洗消污水集水坑可按平时不使用，战时使用手动排水设备(或移动式电动排水设备)设计。坑深不宜小于 0.60m；容积不宜小于 0.50m³"。第 6.4.7条："集水池的大小应满足水泵的安装及吸水的要求。防护密闭门外洗消废水集水池可采用移动式排水泵排水"。

（2）图集 07FJ02 第 101 页《扩散室内集水坑及盖板详图》中集水坑的净尺寸为：$0.3 \times 0.3 \times 0.24 = 0.0216m^3$，如图 4-1 所示。

（3）图集 07FJ02 第 101 页所示是一种特殊的设计思路，即扩散室内的洗消废水排入这个坑内，该坑不接纳其他排水管道。坑内收集的洗消废水，用移动泵排出。该坑内能

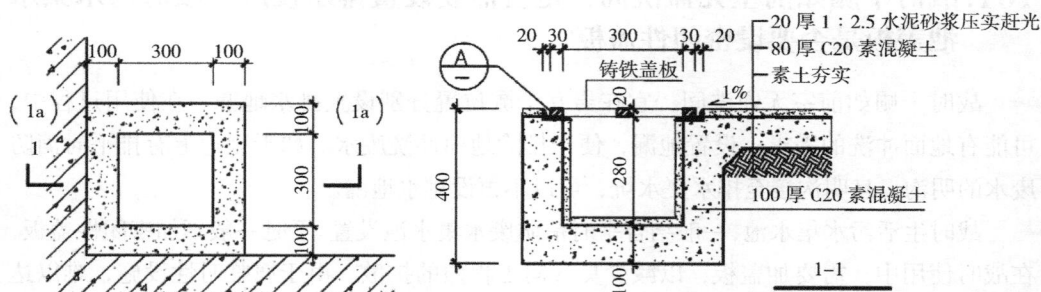

图 4-1　扩散室集水坑平、剖面图

满足一般小型移动泵吸入端放入即可。按该思路设计，口部可能需要设多个集水坑。

（4）第 3.4.10 条及 6.4.7 条的集水池（坑），一般考虑有其他排水管接入；设计思路一般是防护密闭门外只设 1 个集水池，其他需排洗消废水的空间，用防爆地漏（地漏）+ 排水管汇集到这个集水池。这类集水池有的还兼作平时口部雨水集水池使用，平时安装固定式排水泵；如仅作为战时洗消废水集水池使用，考虑到需收集多个通道、口部、井的洗消废水，有一定的调节容积，更便于使用。

（5）从经济性分析，设多坑比设单池加地漏的做法费用要高一些，过多的坑在平时维护中也存在安全隐患。

105. 口部洗消排水均为软管排出，什么情况下不需设置出户管排水？

口部洗消排水能否采用软管排出应该根据实际情况确定：

（1）当口部外不远处已设置集水坑时，可采用软管接至口部外集水坑；

（2）若口部外一定距离内无集水坑设置或采用软管无法方便接至室外污水检查井时，应考虑设置固定排水管线。

106. 防空地下室战时设置水冲厕所，厕所的污水集水池通气管应接至何处？

此类工程通气管可采用三通在高位将通气管分成 2 个出口，一边接室外一边接入战时排风管，并设置阀门将其分开，实现平战转换，如图 4-2 所示。

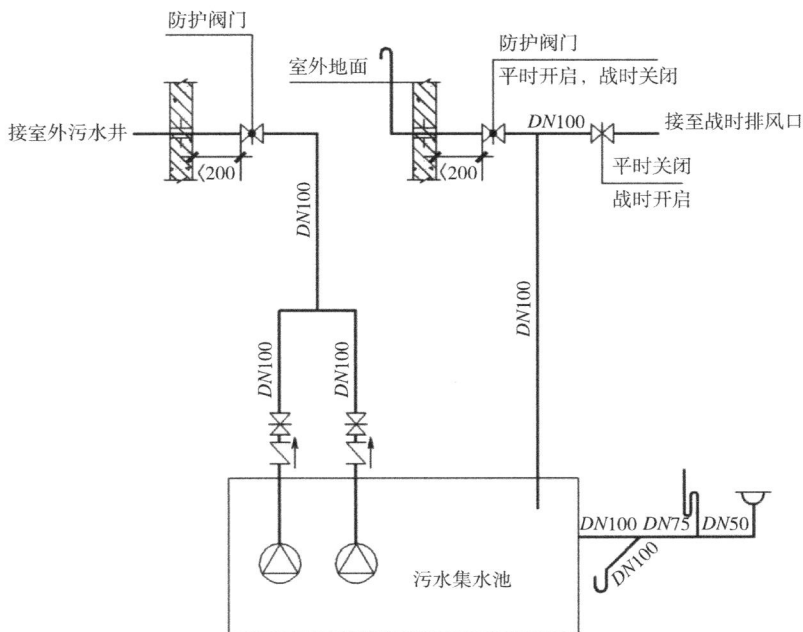

图 4-2　战时水冲厕所通气管设置示例

107.防空地下室的干厕是否需要设置战时生活污水集水池？该集水池通气管如何设置？

　　需设战时生活污水集水池，因盥洗污水等也属于生活污水。《人民防空地下室设计规范》GB 50038—2005 第 6.3.8 条要求，通气管可接至排风口附近，具体距离并无相关具体要求，可参照图 4-3~ 图 4-5 所示。

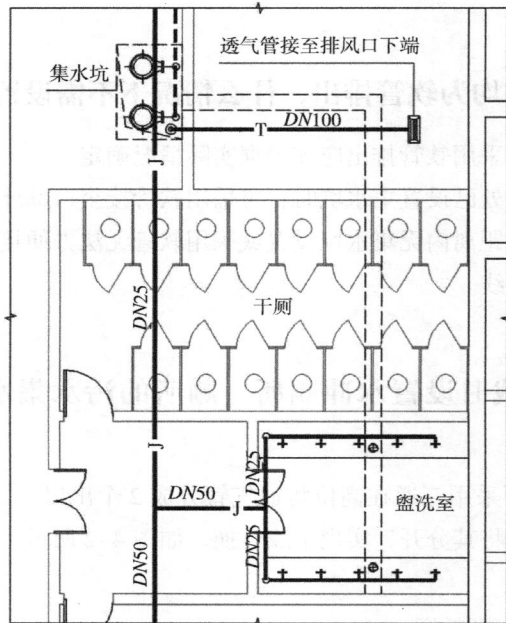

图 4-3　厕所通气管设置平面图示例

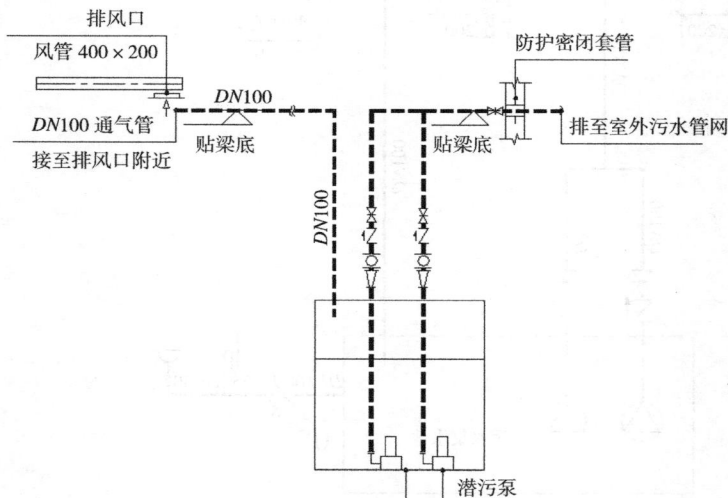

图 4-4　厕所通气管设置系统图示例

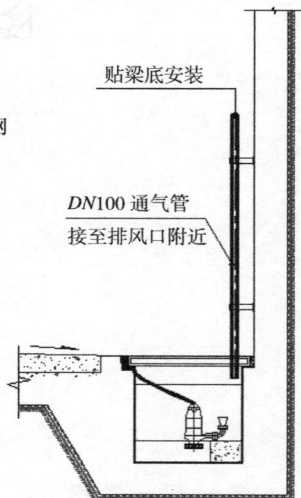

图 4-5　厕所通气管设置详图示例

108. 负一层为防空地下室，顶板以上覆土种植层排水可否利用防爆地漏接入地下室内？

不可行。此做法明显属于将与防空地下室无关的管道穿过人防围护结构，不符合《人民防空地下室设计规范》GB 50038—2005 第 3.1.6-1 条的要求。此外将防爆地漏敷设在覆土层内平时容易堵塞，且清理困难，临战时也转换困难。

109. 当负一层和负二层对应位置都是防护单元口部时，因层高受限，负一层的排水集水坑如何设置？扩散室、滤毒室、密闭通道处的埋管由于底板厚度的限制，是否可以穿出负二层顶板处？

（1）当负一层和负二层对应位置均为人防防护单元口部时，根据《人民防空地下室设计规范》GB 50038—2005 第 6.3.15 条的条文解释"为防止有毒废水的污染，上层防护单元的战时洗消废水，不允许排入下层非同一防护单元的防空地下室。目前尚没有可靠的生活污水管道的临战转换措施，上一层的生活污水不允许排入下一层防空地下室"。上一层的口部排水管（扩散室、滤毒室、密闭通道等）不能进入下一层防空地下室。《防空地下室给排水设施安装》07FS02 第 47~49 页，负一层排水管道穿越负二层顶板时采用C20 细石混凝土分层嵌实包裹，其做法与负二层顶板不一起现浇，用于口部排水时，不能有效抵抗冲击波，加上细石混凝土自重，不能满足防护要求，还有很大的安全隐患。此做法不妥。

通常做法是：与结构专业协调，通过负二层顶板局部降板或加厚，确保排水管不进入下一层防空地下室内。以二等人员掩蔽部的次要出入口（战时进风口）为例，局部降板或加厚做法如图 4-6、图 4-7 所示。

（2）有条件时，负一层口部排水管可接至本层的非人防区集水坑内。没有条件时，可接至下一层非人防区集水坑内。

（3）建议精确计算战时洗消排水的排水量，合理选用排水地漏及排水横管，适当选用偏小规格的地漏和排水横管，尽量避免降板或加厚结构底板。

口部排水问题无论是负二层顶板降板、加厚，还是顶板下挂集水坑，都会对其他专业产生影响，比如影响人防门的开启，影响风管的安装高度等问题，设计时各专业应相互配合，共同完成一个较为完善的设计图纸。

注意：①在工程气密性测试时，如扩散室、密闭通道和除尘滤毒室采用防爆地漏可能会因其漏气（质量问题），导致通过防爆地漏及排水管发生相互窜气问题，测试单位建议将密闭通道、除尘滤毒室、防毒通道、脱衣间和染毒装具存放室均设成防爆清扫口，这样可以防止相互窜气，有利于口部各密闭隔墙的气密性；②因为风井和扩散室是染毒区，是不能与密闭通道、除尘滤毒室、防毒通道和脱衣间窜气的，改设防爆清扫口，对工程口部的气密性和防毒更有利；③防爆清扫口应采用铜质螺纹式清扫口，清扫口螺纹丝口无断裂，安装时丝口要涂黄油或机油，参见国家标准图集 07FS02（第 50 页）。

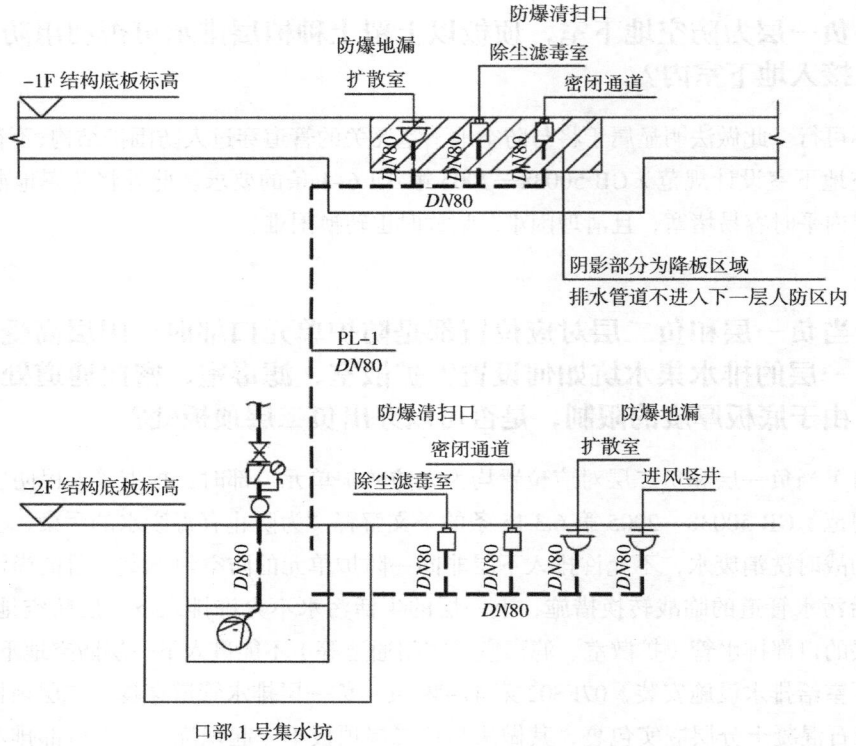

图 4-6　负一层、负二层合用口部集水井

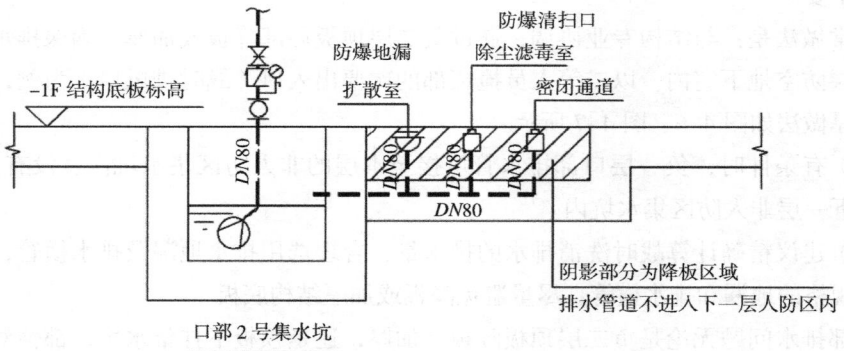

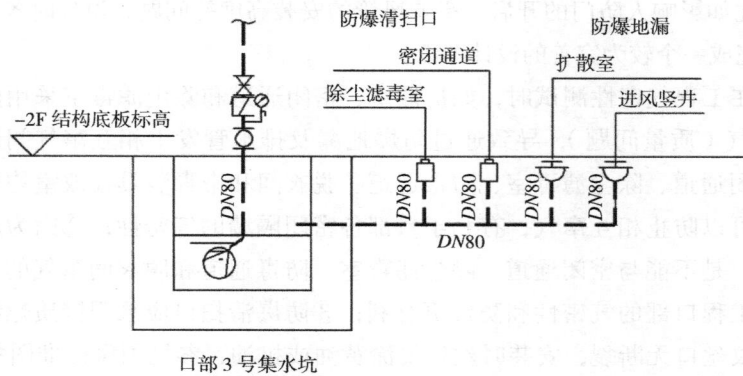

图 4-7　负一层、负二层分设口部集水井

110. 防护密闭门内是否可以设置洗消集水坑？《全国民用建筑工程设计技术措施 – 防空地下室》2009 版第 135 页分别在扩散室外和密闭通道内设置了集水坑，这种做法什么时候适用？一般情况下是否不经济？

《全国民用建筑工程设计技术措施 – 防空地下室》2009 版第 135 页的进风口部排水方式如图 4-8 所示。

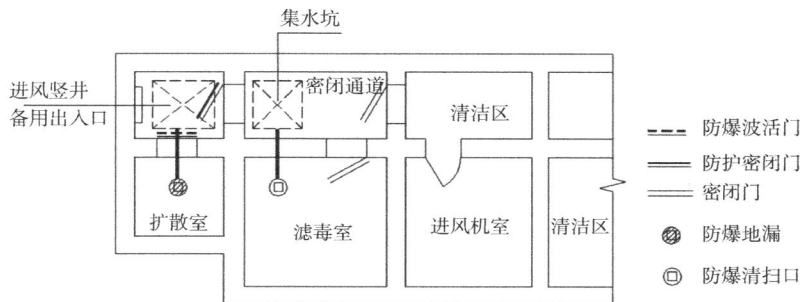

图 4-8　进风口口部排水方式一

人员备用出入口，密闭通道内单独增设集水井，可实现分段防护，对工程密闭更为有利。但增加了工程造价，建议采用图 4-9 所示的排水方式。

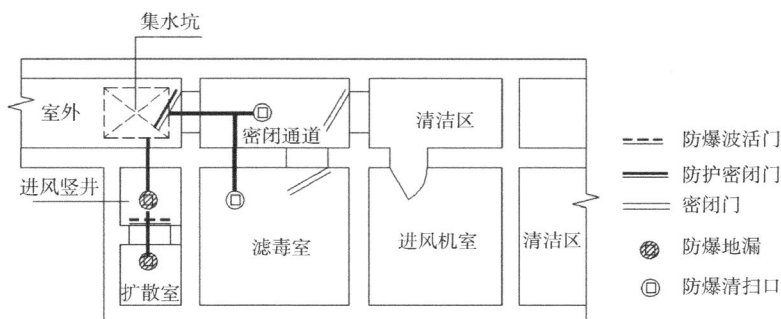

图 4-9　进风口口部排水方式二

如图 4-8、图 4-9 所示，为防止集水井、密闭通道和除尘滤毒室之间相互窜气，影响防护密闭隔墙和密闭隔墙的气密性，建议在密闭通道和除尘滤毒室设置防爆清扫口，因为市场上不少防爆地漏达不到气密要求。

111.《人民防空地下室设计规范》GB 50038—2005 中未规定战时污水泵是否设置备用泵？在实际执行时如何掌握？

根据《建筑给水排水设计标准》GB 50015—2019 第 4.8.6 条：生活排水集水池中排水泵应设置 1 台备用泵；地下室、车库冲洗地面的排水，当有 2 台或 2 台以上排水泵时，可不设备用泵；地下室设备机房的排水池当接纳设备排水、水箱排水、事故溢水时，根据排水量除应设置工作泵外，还应设置备用泵。

依据上述规范条文：

（1）战时生活污水集水坑、战时电站发电机房集水坑污水泵应设备用泵。

（2）防毒通道染毒集水坑等仅用于排除洗消废水的排水坑可不设备用泵，因这些泵属于小型潜污泵，为提高系统可靠性，建议采用便于快捷拆除、安装的方式，如采用自动耦合安装等，并另备1台相同型号规格污水泵作为备品备件贮存在人防器材室。

112.战时次要出入口楼梯有平时雨水排水沟，其排入口部外集水坑的排水管需设防爆地漏吗？

如图4-10所示，密闭通道及滤毒室均设防爆清扫口时，外部雨水截水沟①处可设普通地漏，外部集水坑可不加防护盖板。

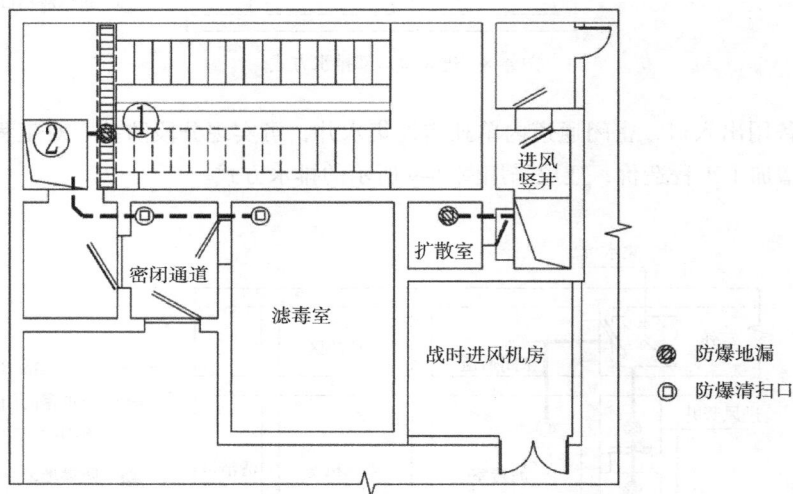

图4-10　口部雨水及洗消废水共用集水坑示例

113.防爆地漏能够满足战时设定的防护及密闭要求，临战前也能方便地进行转换，故接防爆地漏的排水管上，可不设置阀门；但有专家认为接防爆地漏的排水管上需要设置铜芯闸阀，更加安全可靠；希望能明确应该如何做。

根据《人民人防工程设计规范》GB 50038—2005第6.3.15条：收集上一层地面废水的排水管道允许通过防爆地漏引入下层防空地下室集水坑的，此种情况从规范角度讲可不再另设防护阀门，防爆地漏能够满足战时设定的防护及密闭要求。如在排水管上加装防护阀门可解决临战转换时需要关闭上层防爆地漏的问题，可以看成是起到额外的安全防护作用，在目前普遍提高防护要求的形势下，建议增加一个防护阀门。

114. 收集上一层地面雨水的排水管道能否按《人民防空地下室设计规范》GB 50038—2005 中第 6.3.15 条引入防空地下室？

防空地下室地下一层为平时车库，顶板局部开设采光通风口，对应区域地下一层的雨水收集后需在地下一层楼板单独设置集水坑（潜水泵）排出，不得引入地下二层防空地下室。因《人民防空地下室设计规范》GB 50038—2005 第 6.3.15 条文说明已明确"所指地面废水是特指平时排放的消防废水或地面冲洗废水"。

115. 战时生活水箱及饮用水箱附近地面排水是否可采用地漏收集，且地漏位置就近设置？

根据《人民防空地下室设计规范》GB 50038—2005 第 6.3.10 条：清洁区内用水房间、平时使用的空调机房等房间内宜设置地漏。所以战时贮水箱附近设置排水设施是有规范依据的。战时生活贮水箱、饮用水箱是为战时服务，一般设置在清洁区。因为饮用水箱上设有取水龙头、生活水箱一般接有增压设施，在用水过程中，难免有跑冒滴漏现象，所以要求在其附近设有排水设施。

通常做法如图 4-11 所示，在水箱附近设有集水坑（也位于清洁区），如果水箱离集水坑较远，这时可采用地漏或排水沟接至集水坑，在非隔绝防护时间，通过潜污泵（或手摇泵）排除集水坑内积水。因为均在清洁区内部，可不考虑冲击波的作用，所以此处采用普通地漏就可以了。但是应注意连接普通地漏与集水坑间的排水管道应有足够厚度的混凝土包裹。当然在《建筑给水排水设计标准》GB 50015—2019 中对地漏的设置位置等也有较明确的规定，如 4.3.5 条规定：地漏应设置在有设备和地面排水的下列场所：卫生间、盥洗室、淋浴间、开水间；4.3.7 条规定：地漏应设置在易溅水的器具或冲洗水嘴附近，且应在地面的最低处。

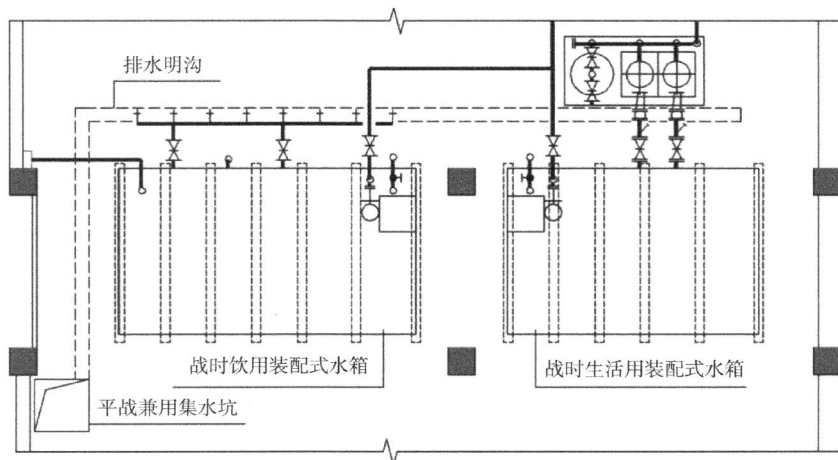

图 4-11　战时水箱附近排水设计示例

116. 防毒通道施工底板已现浇，无条件再补做集水坑时怎么办？

（1）防毒通道内的集水坑主要作用是收集人员洗消废水和墙、地面洗消废水。根据《人民防空地下室设计规范》GB 50038—2005 及防化设计规范的相关要求，设置简易洗消的工程该集水坑容积不应少于 $0.5m^3$；设置淋浴洗消的工程，如防空专业队工程、医疗救护工程该集水坑应按洗消人数与洗消用水标准计算，并在计算水量的基础上增加 50% ~ 100%。

（2）当底板已经浇筑，无条件补做集水坑时，有两种方法可供参考：

①如果层高足够且为主要出入口时，可考虑将防护门的门槛抬高至 600mm，在防毒通道内做出一个深度不小于 600mm，容积不小于 $0.5m^3$ 的集水井，如图 4-12 所示。

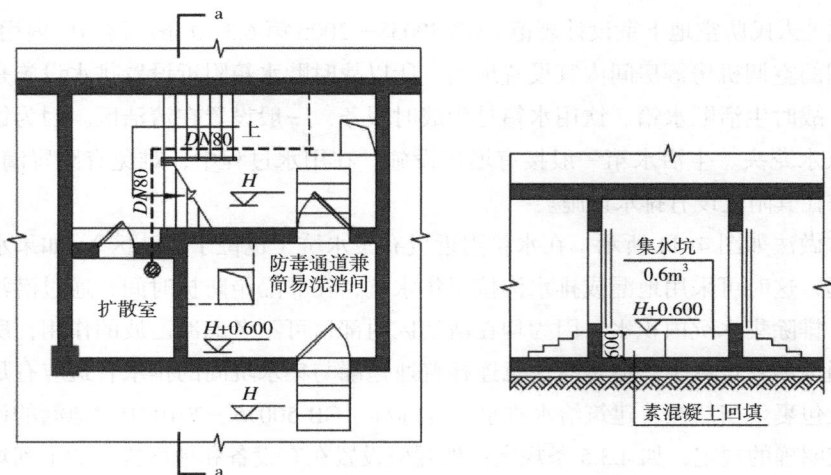

图 4-12　弥补集水坑做法示例一

②如果层高有限且为主要出入口时，可考虑将防护门门槛高度抬高 300mm，利用建筑面层设置防爆地漏用于排除防毒通道战后洗消废水，战时采用成品污水桶收集人员洗消废水，如图 4-13 所示。

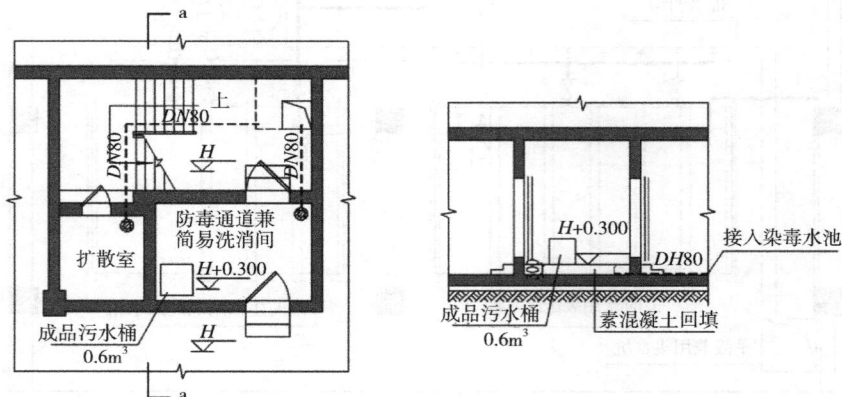

图 4-13　弥补集水坑做法示例二

117. 坡道截水沟排水属于《人民防空地下室设计规范》GB 50038—2005 中 6.3.15 条所指的地面废水吗?

《人民防空地下室设计规范》GB 50038—2005 第 3.1.6–1 条规定:与防空地下室无关的管道不宜穿过人防围护结构;上部建筑的生活污水管、雨水管、燃气管不得进入防空地下室。

处理措施:根据规范条文说明,地面废水是特指平时排放的消防废水或地面冲洗废水,而坡道截水沟主要作用是排除进入坡道的雨水,不在本条规范的规定范围内,不可以通过防爆地漏接至人防区域。

如何区分排水是否可以进入防空地下室,除按功能明确确定属于平时排放的消防废水或地面冲洗废水外,还可依据"按现行规范要求或实际使用功能要求需要设置地漏或排水管道的功能房间的排水均不属于可进入防空地下室"来确定。

118. 战时污水集水池通气管接至排风口是否合理?

战时污水集水池通气管接至排风口是合理的。在战时防护状态下,通气管无法接至工程外部,规范的要求为适用于战时状态下的要求,无法过多地考虑舒适性。一般情况下战时排风管也仅设置到干厕,排风口也仅设置在干厕内部,若与其他房间的排风共用,那么不仅污水集水池的臭气会串到其他房间,厕所内的臭气也会串到其他房间,同样无法解决这个问题。

119. 人防工程出入口采用无门槛、活门槛的人防门,是否密闭通道内防爆地漏可不设?

不可。首先应明确有无门槛是指平时人防门洞处有无门槛,无门槛对应的是活门槛,有门槛对应的是固定门槛。无门槛或者活门槛的人防门只是为了方便平时通行及疏散,临战转换时门槛需要安装到位以满足防护及密闭的要求,战后不可能为了密闭通道的洗消去拆掉装好的门槛,不经济也不利于二次防护。再则若考虑去掉门槛自流排水则会要求通道做由内至外的缓坡,必然导致门洞处不平整,密闭性得不到保证。

120. 普通人防工程收集染毒区房间及通道洗消废水的集水坑内是否必须设置一次性安装到位的污水泵,污水泵压力排水管如何设置?

(1)《人民防空地下室设计规范》GB 50038—2005 第 6.4.7 条:"集水池的大小应满足水泵的安装及吸水的要求。防护密闭门外洗消废水集水池可采用移动式排水泵排水"。

(2)《江苏省人民防空工程建设平战转换技术管理规定》(苏防〔2018〕70 号)中有关人防设施设备预留情况如表 4–1 所示。

人防工程设备设施平时预留情况　　　　表 4-1

类别	预留项目				预留项目
	土建	通风	给水排水	电气	
指挥所、核生化监测中心	—	—	—	—	—
一、二等医疗救护工程	可移动的医疗设施	—	—	—	—
三等医疗救护工程	内部房间轻质隔墙	—	战时淋浴器和加热设备	电站机组	电站机组基础部分需实施到位
防空专业队工程、一等人员掩蔽工程、食品库、药品库	抗爆隔墙、沙袋	—	战时淋浴器和加热设备	电站机组	电站机组基础部分需实施到位
二等人员掩蔽工程、其他配套工程	抗爆隔墙、沙袋	—	水箱、干厕、战时淋浴器和加热设备	电站机组	电站机组基础部分需实施到位

（3）国家建筑标准图集《防空地下室固定柴油电站》08FJ04 第 51 页，排水系统图，如图 4-14 所示。

（4）国家建筑标准图集《防空地下室给排水设计示例》09FJ01 第 22 页，甲类一等人员掩蔽所排水系统图，如图 4-15 所示。

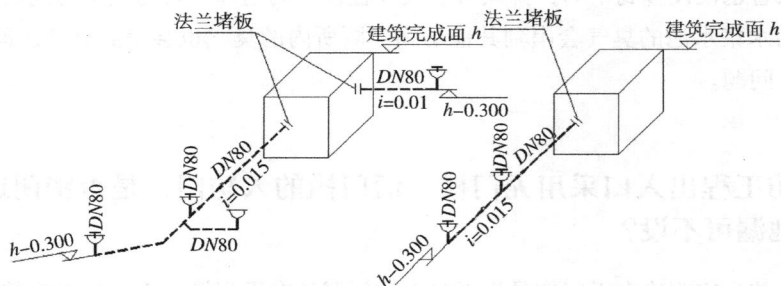

图 4-14　固定电站排水系统图示例

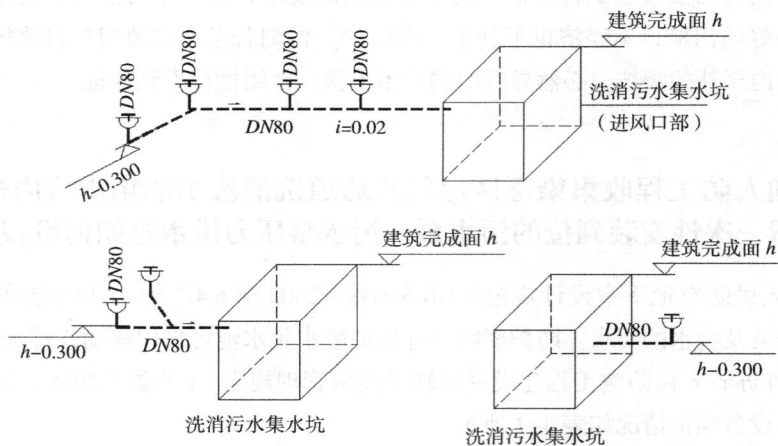

图 4-15　甲类一等人员掩蔽工程排水系统图示例

通过以上 4 点引述可以看出：

①依据规范、图集的相关内容，普通防空地下室收集洗消废水的集水坑，可以在战后使用移动式排水泵接排水软管排出。

②有些省份在最近几年出台的平战转换技术管理规定中有要求，给水排水专业除了水箱、干厕、战时淋浴器和加热设备外，其他设备均要安装到位，在设计、审图及施工时应满足当地的管理规定。

③考虑地下室内阴暗、潮湿，很多情况下造成集水坑内积水，污水泵常年在这样的环境下无法得到正常的维护，很容易锈蚀。

④单层地下室的污水泵压力排水管可以接软管排出，少数设置在多层地下室最下层的防空地下室，由于集水坑距离地面埋深太深，软管阻力太大，应考虑将压力排水管平时敷设到位。

防空地下室作为战时应急工程，考虑到战争的突发性，各省根据经济发展水平，及时调整平战转换内容，尽量将人防防护设施、设备在平时施工时安装到位的思路是非常正确的。结合地下室的实际情况，污水泵等设备应在工程建设时购置到位，可按每 1～2 个防护单元采购 1 台，总台数不少于 2 台进行考虑，妥善存放在相关专用贮藏室或所在城市的人民防空应急储备基地。人防部门应定期对相关人防设施、设备进行检查，物业部门应定期对相关设备进行维护，这样既减少了平战转换工作量，也确保了人防工程在战时能够发挥正常防护功能。

121. 防毒通道一侧的排风井设普通地漏可以吗？

（1）防毒通道一侧的排风井属于《人民防空地下室设计规范》GB 50038—2005 第 6.4.5-1 条中未提及洗消的部位，考虑到现实情况，主要出入口、次要出入口所有的口部房间均有冲洗要求，建议考虑排水措施。

（2）防毒通道一侧的排风井内有集水坑时，可不设置地漏，如图 4-16 所示。

（3）防毒通道一侧的排风井内没有设集水坑时，防毒通道一侧排风井内的排水排至防护密闭门外集水坑内，如图 4-17 所示，此时采用防爆地漏更为合适。

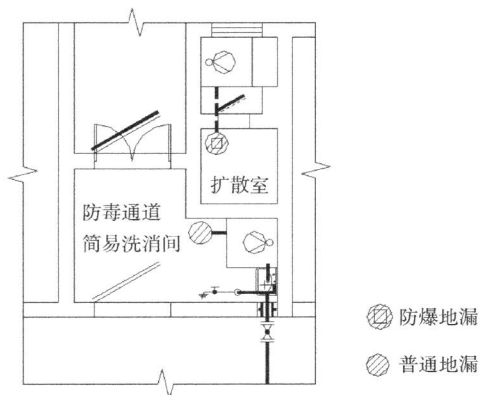

图 4-16　防毒通道一侧排水坑地漏设计示例一　　图 4-17　防毒通道一侧排水坑地漏设计示例二

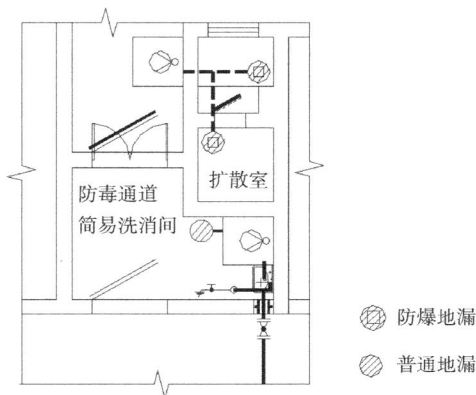

122.是否一定要把集水坑做在战时主要出入口防护密闭门外的通道内？

对于二等人员掩蔽工程来说，主要出入口需要在防毒通道兼简易洗消间内、人防防护密闭门外各设置一个集水坑。防护密闭门外集水坑有 2 个设置位置，如图 4-18、图 4-19 所示。从不影响平时使用考虑，图 4-19 更合理一些。

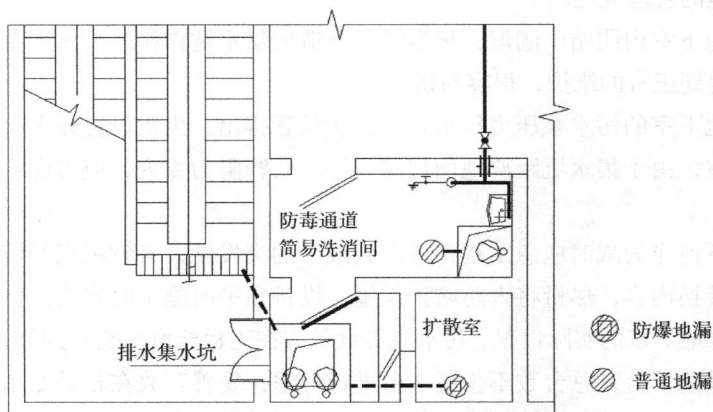

图 4-18　防护密闭门外集水坑位于防火门内

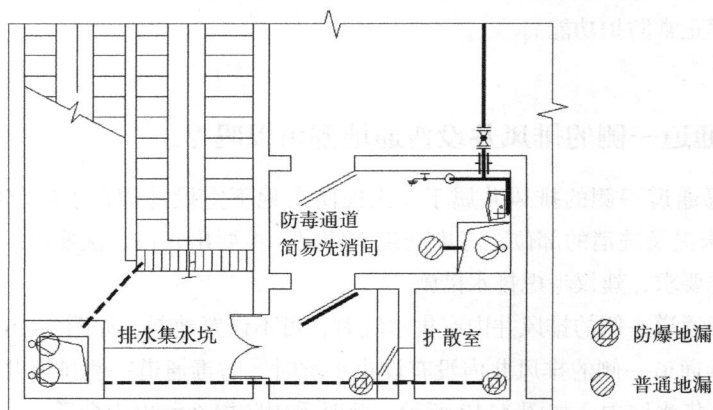

图 4-19　防护密闭门外集水坑位于防火门外

123.二等人员掩蔽工程，带滤毒室的次要出入口，集水坑是设置在防护密闭门外（做防护盖板），还是设置在密闭通道内比较好？

（1）规范相关要求

①《人民防空地下室设计规范》GB 50038—2005 第 3.4.10 条：防空地下室战时主要出入口的防护密闭门外通道内以及进风口的竖井或通道内，应设置洗消污水集水坑。

②《人民防空地下室设计规范》GB 50038—2005 第 6.4.5-1 条：需冲洗的部位包括进风竖井、进风扩散室、除尘室、滤毒室（包括与滤毒室相连的密闭通道）和战时主要出入口的洗消间（简易洗消间）、防毒通道及其防护密闭门以外的通道，并应在这些部位设置收集洗消废水的地漏、清扫口或集水坑。

（2）具体措施建议

①该次要出入口设置有独立进风竖井，按规范要求，进风竖井或通道内应设置集水坑，此口部排水可利用此集水坑（规范条文没有对在次要出入口的防护密闭门外通道设置集水坑提出要求），风井内空间有限时亦可设置于口部以外，如图 4-20 所示。

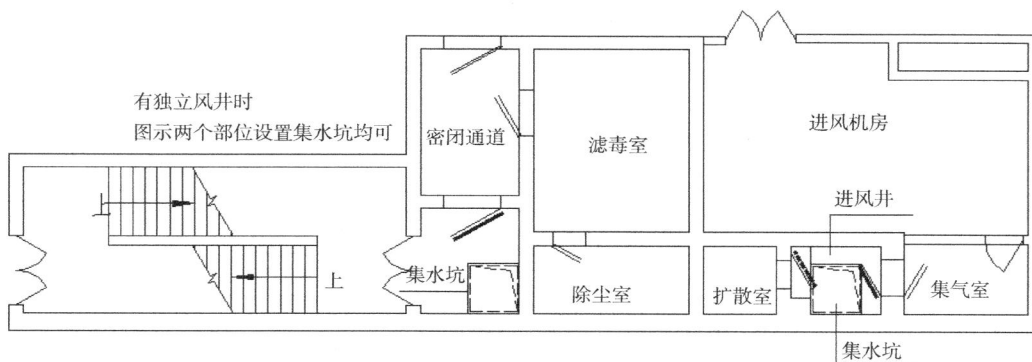

图 4-20　口部集水坑设计示例一

②该次要出入口未设置独立进风竖井，进风扩散室的开门方向为防护密闭门以外通道时，防护密闭门以外通道起到了进风竖井的作用，所以集水坑设置在防护密闭门外通道更为合理。结合口部各功能房间污染程度不同，进风竖井和防护密闭门以外通道污染程度最重，集水坑根据实际情况选择这两个部位设置较为合适，如图 4-21 所示。

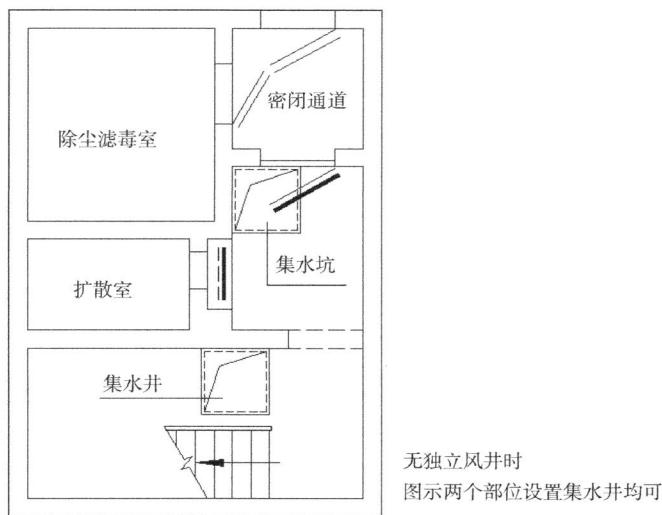

图 4-21　口部集水坑设计示例二

124. 平时功能为车库的防空地下室消防排水如何设计？

地下车库设置的消防给水设施有消火栓系统和自动喷水灭火系统。当人防地下车库为三层机械车库时，消防设计流量最大。机械车库的自动喷水灭火系统水量由车库顶板下喷头水量和车架内喷头水量组成。车库顶板下设置喷头水量按火灾危险等级中危 II 级，作用面积 160m² 计算。依据《全国民用建筑工程设计技术措施　给水排水》（2009 版）

第7.2.13-8条：室内机械汽车库的自动喷水灭火系统可参照有货架内置喷头仓库的设计计算方法确定设计流量，当为二层及以上车架内置喷头时，计算车架内置喷头的数量可为14只；第7.2.13-7条：货架内置喷头宜采用快速响应喷头，每只喷头的流量不宜小于115L/min。人防汽车库自动喷水灭火系统理论设计流量（三层机械停车库）参见表4-2，理论设计流量为48.21L/s，实际设计流量按理论设计流量1.15~1.30倍计算，取60L/s。人防汽车库消火栓系统设计流量参见表4-3。

人防汽车库自动喷水灭火系统理论设计流量（三层机械停车库）　　　表4-2

部位	危险等级	喷水强度	作用面积	理论设计流量
顶板下	中危险Ⅱ级	8L/（min·m²）	160m²	21.33L/s
车位间		14×115L/min		26.88L/s

人防汽车库消火栓系统设计流量　　　表4-3

消火栓系统	火灾延续时间	设计流量
室内消火栓系统（Ⅰ类停车库）	2h	10L/s

《人民防空工程设计防火规范》GB 50098—2009第7.8.1条："设置有消防给水的人防工程，必须设置消防排水设施"。该条在条文说明中明确排水量采用消防设计流量的80%计算。

则消防排水设施的流量应满足（60×1×3.6+10×2×3.6）×80%=230.4m³/h。

车库平时排水集水池内以设置单台流量为20m³/h的潜污泵为例计算，每个集水池内设置2台，一用一备，交替运行。当泵坑内的水位达到报警水位以上时，2台泵同时启动。

《建筑设计防火规范》（2018年版）GB 50016—2014中第8.1.8条为强制性条文。规定消防水泵房、消防控制室应采取防水淹措施。做法常规有两种：①做挡水门槛。②做室内外标高差，高度都是不小于200mm。一般水泵机组、空调冷冻机等设备的基础高出地下室地面150～200mm；变配电室亦有设置挡水门槛的要求。故车库消防时允许有一定高度的消防积水。消防时无需按防火分区考虑排水能力，可按整个地下车库整体的排水能力考虑。

所以当消防时，地面有积水，集水池内的2台流量为20m³/h的污水泵同时启动排水，230.4/20=11.52台。即6个集水池内的12台污水泵同时启动，在1小时内可以满足消防设计流量80%的排水能力。

同理，当为非机械车库时，自动喷水灭火系统的设计流量为30L/s，经计算，需要4个集水池内的8台污水泵同时启动，在1小时内可以满足消防设计流量80%的排水能力。

125. 防倒塌坡道战时需要考虑雨水排放吗？

《人民防空地下室设计规范》GB 50038—2005第3.3.4条规定：在甲类防空地下室中，其战时作为主要出入口的室外出入口通道的出地面段（即无防护顶盖段）应符合下列规定：

（1）当出地面段设置在地面建筑倒塌范围以外，且因平时使用需要设置口部建筑时，宜采用单层轻型建筑；

（2）当出地面段设置在地面建筑倒塌范围以内时，应采取下列防堵塞措施：①核 4 级、核 4B 级的甲类防空地下室，其通道出地面段上方应设置防倒塌棚架；②核 5 级、核 6 级、核 6B 级的甲类防空地下室，平时设有口部建筑时，应按防倒塌棚架设计；平时不宜设置口部建筑的，其通道出地面段的上方可采用装配式防倒塌棚架临战时构筑。

设置了防倒塌棚架的人防出入口坡道处有顶盖，一般为混凝土板，可遮蔽住人防出入口上方落下的雨水。防空地下室口部与室外地面要有一定高差，防止雨水进入。故只考虑少量飘雨进入。由规范条文可知，防倒塌棚架是设置在人防工程主要出入口处，战时主要出入口在防护密闭门外设置了洗消废水的集水坑，该坑可兼做口部雨水集水坑。

平时不宜设置防倒塌棚架的建筑，应在临战时安装装配式防倒塌棚架。应根据工程情况考虑平时如有雨水进入时的排放，不用单独考虑战时雨水的排放。

126.《建筑给水排水设计标准》GB 50015—2019 第 4.4.4 条规定生活排水管不应敷设在楼层结构层里或结构柱内，那么人防地下室内部的生活排水管是否也要按照这条执行？

《建筑给水排水设计标准》GB 50015—2019 第 4.4.4 条规定，管道宜在地下或楼板填层中埋设，管道不应敷设在楼层结构层或结构柱内。故人防工程内部生活排水管敷设也应按照此规定执行。人防内部排水管主要是水冲厕所、盥洗间排水管，卫生间结构底板应做成下沉式或者平板蹲位上台阶式。排水管埋入结构层内也会减弱底板抗力。敷设在人防内部通道内的排水管宜采用管沟敷设。

127. 上下两层均为防空地下室，且为不同防护单元，负一层人防区平时车库排水能否采用防爆地漏排至负二层人防区？

《人民防空地下室设计规范》GB 50038—2005 第 6.3.15 条规定："对于乙类防空地下室和核 5 级、核 6 级、核 6B 级的甲类防空地下室，当收集上一层地面废水的排水管道需引入防空地下室时，其地漏应采用防爆地漏"。6.3.15 条文解释"经过为本次规范修订进行的管道穿板做法模拟核爆炸实验结果，防爆地漏能满足本条文设定的防护及密闭要求，临战时也能方便地转换。接防爆地漏的排水管上，可以不设置阀门"。根据规范上述条文及条文解释，上层人防区平时车库地面排水可以采用防爆地漏引至下层人防区域。这种做法可以减少集水坑、排水提升泵的数量，降低造价。考虑防爆地漏的质量可能存在不可靠性，在其排水管上加阀门更安全。如果地方审图部门或是人防管理单位对本条有地方规定或是特殊要求时，应按当地要求执行。比如，北京市限制使用防爆地漏，在地方标准《平战结合人民防空工程设计规范》DB11/ 994—2013 中第 6.3.12 条规定"上层仅用于平时的排水立管，可排入下层人防的集水池，该排水管穿越两层之间的防护密闭楼板时，应设密闭套管，楼板的下面应设有公称压力大于等于 1.0MPa 闸阀"。

128. 防空地下室顶板上方的变配电间排水，可否通过防爆地漏排入防空地下室？

《建筑给水排水设计标准》GB 50015—2019 第 3.6.2-1 条：室内给水管道布置不得穿越变配电室、电梯机房、通信机房、大中型计算机房、计算机网络中心、音像库房等遇水会损坏设备或引发事故的房间。《建筑设计防火规范》（2018 年版）GB 50016—2014 第 8.3.9-8条：其他特殊重要设备室，应设置自动灭火系统，并宜采用气体灭火系统。高层民用建筑内火灾危险性大，发生火灾后对生产、生活产生严重影响的配电室等，属于特殊重要设备室。《建筑灭火器配置设计规范》GB 50140—2005 中附录 D 民用建筑灭火器配置场所的危险等级举例中民用的油浸变压器室和高低压配电室按照中危险级配置灭火器。所以大型的变配电室一般采用气体灭火，小型的变配电室一般采用灭火器灭火，不需要排水。

但也可能存在以下情况，如变配电室由供电部门专门设计，并提出设置集水坑并配泵排出的要求，依据《人民防空地下室设计规范》GB 50038—2005 第 3.6.1-1 条：该排水与防空地下室无关，其排水管道不得穿过人防围护结构进入防空地下室。

129. 如何理解与人防无关的管道及其穿越人防上下楼板的问题？

[问题补充]：目前主要讨论的问题如下：（1）上层地面废水是否可以这种方式排入下层？（2）下层压力出水管是否可以穿越上层人防区？主要的争论点在平时的排水管道算不算与人防无关的管道？分 A、B、C、D 四种情况，如图 4-22 所示。

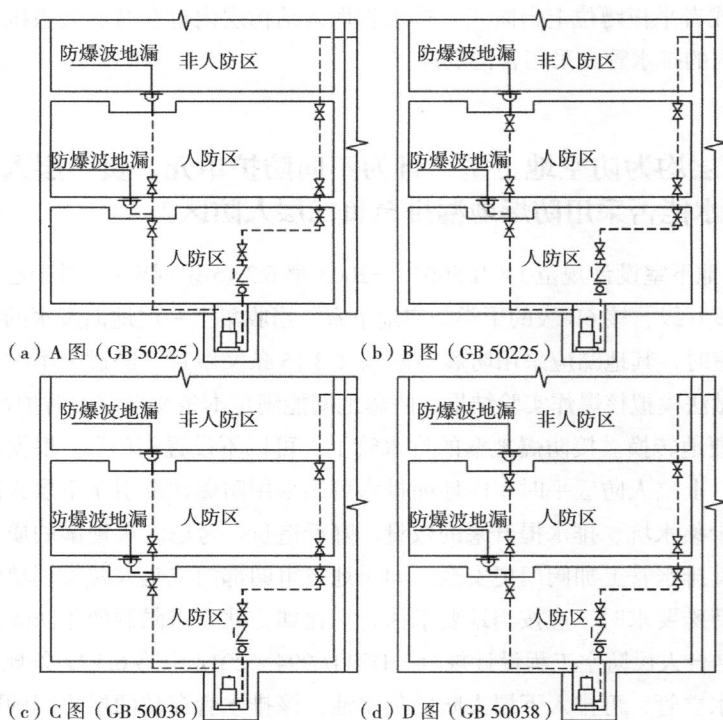

图 4-22　管道穿人防楼板的四种情况示例

执行人民防空工程有关规范时，图 4-22（a）、（b）均不能满足规范 GB 50225 第 8.1.1 的要求，主要问题是：①防护阀门与密闭套管之间不能有其他连接管；②防护阀门临战转换时是需要关闭的，这样战时需要排水的时候就不能满足使用要求；③人民防空工程有关规范没有规定上层非人防区的冲洗废水可以排入人防区，其实也侧面说明不能这样做。

执行《人民防空地下室设计规范》GB 50038—2005 时，图 4-22（b）、（c）均不能满足《人民防空工程设计文件审查要点》RFJ 05—2008 第 5.4.3 条的要求。图 4-22（a）、（b）还有以下问题：上层战时废水排到下层人防区时，就不能满足每个防护单元排水独立系统的要求。

130. 人防物资库除尘室设置在清洁区时，是否需要设置排水设施？

人防物资库通风仅包括清洁式通风和隔绝式通风两种。在清洁区内设置油网除尘器，是考虑物资库在清洁通风时，可以过滤空气中的大颗粒灰尘。人防洗消的目的是将口部沾染的有毒有害物质进行洗消清除，既然物资库的油网上没有沾染有毒有害物质，就可以不考虑此处的洗消。

131. 防空地下室口部扩散室排水至车道雨水集水坑是否正确？

一种做法是可以采用防爆地漏将扩散室洗消废水排入车道雨水集水坑，此集水坑应采用防护盖板。但该集水坑的污水泵一般是平时安装到位的，其压力出水管穿集水坑盖板如何考虑防护密闭措施是很多设计人员容易忽视的问题，这种做法对施工水平要求高，平战转换工作量也相对较大。

还有一种做法是在扩散室防爆地漏排水管出口处增设一个铜芯闸阀防反向冲击波，当然这种做法也缺乏规范的支持，存在平时易锈蚀、维护管理不方便，战时转换不方便的缺点。

如在扩散室内单独设置洗消集水坑，可以从根本上避免防爆地漏逆向冲击波问题，也不需要在雨水集水坑上加设防护盖板。

也可以在扩散室设清扫口替代防爆地漏，在扩散室需要洗消时将堵头打开，洗消废水排入外部平时使用的雨水集水坑。

132. 空间允许的话，口部扩散室内可以设置集水坑吗？此集水坑可否同时兼做平时雨水集水坑？

口部扩散室可以设置集水坑，考虑平战结合利用，扩散室内集水坑可以兼做平时雨水集水坑。工程设计中很少这样做的原因是：雨水集水坑内需设置水泵及压力排出管线，在扩散室内不利于平时的维护及操作。集水坑设在防护密闭门外较为方便，既可以收集平时雨水，也可以在战时通过防爆地漏或清扫口将口部房间及通道的洗消废水排入。口部扩散室设防爆地漏时，设在防护密闭门外的洗消废水集水坑，在临战时应采取防护措施，增设防护盖板等。扩散室设清扫口，外部洗消废水集水坑可不设额外的防护措施。

133. 简易洗消间总贮水量宜按 $0.6 \sim 0.8 m^3$ 确定，洗消废水集水坑有效容积如何计算？

《人民防空地下室设计规范》GB 50038—2005 第 6.4.4 条："人员简易洗消总贮水量宜按 $0.6 \sim 0.8 m^3$ 确定，可贮存在简易洗消间内。"第 6.4.5 条：防空地下室口部染毒区墙、地面的冲洗水量宜按 $5 \sim 10L/m^2$ 冲洗一次计算，当洗消间不设置固定排水泵时，洗消废水集水坑有效容积应按满足人员简易洗消的用水量和冲洗防毒通道内的墙、地面的洗消排水量之和计算。

134. 防空地下室清洁区内的压力排水管是否可以穿人防顶板排出？

位于负一层的防空地下室的压力排水管线，从人防围护结构外墙出管最好，这种方式管道布置灵活，管线长度较短，降低造价，又有土壤覆盖，增强管道防遭破坏的能力。穿顶板进出也可以，只是防水不好处理，容易发生渗漏。另外有些工程顶板覆土有限，不能满足管道覆土深度要求。

对于多层、埋深较大，地下水位较高的防空地下室，为便于侧墙防水，优先考虑下层防空地下室的压力排水管出顶板，再从负一层地下室侧墙排出。

135. 收集平时消防排水的集水池不设置排水沟，那么该集水池是否需要设置通气管，并接至室外？

不需要。《人民防空地下室设计规范》GB 50038—2005 第 6.3.8 条规定通气管设置的三种情况，第 1 条和第 3 条针对的分别是收集平时和战时生活污水的集水池，均应设置通气管，其中战时生活污水集水池要求临战时增设接至厕所排风口的通气管；第 2 条针对的是收集平时消防排水、空调凝结水、地面冲洗排水的集水池，需要按平时使用的卫生要求及地面排水收集方式确定通气管的设置方式。

在 6.3.8 条条文解释中明确"如采用地沟方式集水时，可不需要设置通气管"；如是采用在集水池上设置排水地漏（无水封）或是箅子，集水池与室内空间是连通的，这种情况下也不需要设置通气管。常规污水集水池是通过管道水封、密闭井盖等与室内空气隔离，这种情况下需要设置通气管，一是防止有害气体不致积累至影响安全的浓度，二是保证集水池内气压平衡。

136. 按照《人民防空地下室设计规范》GB 50038—2005 密闭通道及外侧为染毒区，染毒集水坑设置于密闭通道内、外均可，但该规范 3.4.10 条要求设置于密闭通道外侧，如何把握和执行？

《人民防空地下室设计规范》GB 50038—2005 中的 3.4.10 条明确了两个问题，第一战时主要出入口的防护密闭门外通道内应设置洗消污水集水坑，第二进风井内应设置洗消污水集水坑；原因是在遭到化学袭击的一段时间过后，当室外染毒的浓度下降到允许浓度后，为了对主要出入口和进风口进行洗消，在这两个部位设置集水坑，以便汇集洗消的废水。当因平时的需要口部已经设有集水坑时，战时可不再设置。

137. 某平战结合 3 层防空地下室，负二层和负三层为人防区，负三层平时消防排水管道如何布置？

负三层平时消防集水坑压力排水管道可穿越负二层及负一层非人防区再排至室外。《人民防空地下室设计规范》GB 50038—2005 第 3.1.6 条规定：人防区上部无关管道不宜穿过。与防空地下室无关的管道系指在战时及平时均不使用的管道。平时的消防管道穿越人防区域均采取了密闭措施，设置了防护密闭套管及防护阀门，临战前关闭防护阀门，不影响人防工程的战时功能使用。

138. 上下层叠放的不同防护单元，上层防护单元的战时生活排水如何解决？

每个防护单元清洁区内因设有战时给水系统，因此也会设有集水池收集战时排放的人员生活污水。当人防工程为上下叠放时，根据规范"各防护单元内给水排水系统独立"的原则，上层防护单元清洁区内的战时排水不应采用防爆地漏排放到下层防护单元的战时生活集水坑，而应该在上层防护单元的清洁区内单独设置该单元的战时生活污水集水池及排水泵，即采用在下层防护单元顶板上吊井的方式。同时，上层生活污水集水池设置的位置应考虑对下层使用空间的影响，选择适合的位置，适合的坑深。

139. 设置在防护密闭门外的洗消集水坑是否需要设排水泵？

依据《人民防空地下室设计规范》GB 50038—2005 第 3.4.10 条，防护密闭门外通道内应设洗消污水集水坑，平时不使用，战时使用手动排水设备（或移动式电动排水设备）排水。设在防护密闭门外的洗消集水坑无须设置固定排水泵，战后可采用移动泵排出。

此外应考虑室外是否具备移动泵软管接出的条件，如果该集水井附近并无室外污水检查井设置或是距离过远，不具备软管接出条件时，还应考虑配泵及排水管布置需满足接管至污水检查井的要求。

140. 防空地下室口部染毒区压力排水管能否穿过人防清洁区到室外？

不可以，染毒区的管线只能直接通过染毒区排到室外，不能穿过清洁区。

141. 二等人员掩蔽工程简易洗消间内集水坑能否采用移动泵排水？即平时不设固定泵，仅设置集水坑即可？

当简易洗消间集水池容积大于洗消用水贮存量时可设置移动泵。按《人民防空地下室设计规范》GB 50038—2005 第 3.4.10 条："防空地下室战时主要出入口的防护密闭门外通道内以及进风口的竖井或通道内，应设置洗消污水集水坑。洗消污水集水坑可按平时不使用，战时使用手动排水设备（或移动式电动排水设备）设计。坑深不宜小于 0.60m；容积不宜小于 0.50m³。"

142. 如在风井内设置集水坑排入工程内洗消废水时，集水坑盖板如何设置？排入管道上设置阀门是否可行？

一种方案是设置防护盖板，详见《人防工程设计大样图－结构》RFJ 05—2009—JG，防止冲击波反向破坏效应对扩散室及防爆地漏的影响。排入管道可以设置闸阀，接口处应做支撑，防止连接处损坏，但设置阀门容易锈蚀，既不利于平时维护又增加了战前转换工作量。另一种方案是接入该集水坑内的排水管上，使用清扫口收集地面冲洗废水。

143. 地铁车站区间防淹门兼防护密闭隔断门下部轨道排水沟是否允许连通设置防护密闭闸板？

防淹门兼防护密闭隔断门下部轨道两侧的排水沟不应连通设置防护密闭闸板。地铁工程设置防淹门兼防护密闭隔断门的功能是防止过江、河段区间隧道在平时和战时发生隧道穿顶或区间管片损坏，突发漏水事故，大量的江（河）水会瞬间涌进地铁区间隧道，此时应迅速紧急关闭防淹门。防淹门的控制方式：在地铁车站控制室实施远程控制或防淹门控制室内就地采取电动或手动控制。

若防淹门下部轨道的排水沟孔两端连通，所设置的防护密闭闸板是人工手动安装的，由于采用闸板式结构，平时是不安装的，只能存放在某一处，使用时在操作时间上会出现不能同步，来不及处理等情况，容易扩大事故损失。为确保过江、河段隧道的安全性，防淹门下部轨道的排水沟两侧不应连通。防淹门门框墙墙上各专业预埋的管孔在平时也是要求封堵的。在工程设计实践中，只需要调整防淹门两侧轨道排水沟的排水坡度方向，分别向两侧排水，并采取相应措施是完全能做到。

144. 为减少防空地下室顶板结构渗水问题，可以在顶板地面覆土层中设防爆地漏向地下室排水吗？

就设计而言，《人民防空地下室设计规范》GB 50038—2005 中 6.3.15 条明确了仅上层地面废水可以通过防爆地漏排入人防区，条文解释也明确了废水特指平时排放的消防废水或地面冲洗废水，同时 3.1.6 条也明确了上部建筑的雨水管不得进入防空地下室，所以该做法并不满足人防要求。

（1）原理上分析，之所以平时排放的消防废水或地面冲洗废水可以排入人防区，原因有三个方面：

①平时排放的消防废水或地面冲洗废水并不是一直存在的地面废水，属于偶发性质的。

②平时排放的消防废水或地面冲洗废水洁净度较高，不容易堵塞地漏及排水管道。

③防爆地漏可以在不用时关闭，避免堵塞。

（2）在顶板地面覆土层中设防爆地漏向地下室排水的提法存在以下几个问题：

①防爆地漏直接对室外，防护性是否有保障？

②雨水中杂物是否会对防爆地漏造成堵塞，或其他损坏？

③防爆地漏经常使用，如发生损坏，是否对人防顶板的密闭及防护性造成威胁？是否有更换的可能？

如确实要设排水引入地下室，建议地下室的集水坑划为非人防区，顶部设地漏的顶板改为非人防顶板，排水管均走在非人防区，集水坑压力废水穿人防和非人防之间的隔墙，水平排出或者穿顶板排出，穿越人防墙或者顶板处应加防护措施。但此种做法对于造价不利，一个集水坑可能就要占一个车位，可以根据具体的方案来看是否有优化的可能。

145. 防空地下室位于地下二层，地下一层为非人防区，给水入户管是否可以经过地下一层，排水出户管是否可以经地下一层排出？

可以从地下一层出入户，因为如果从地下二层人防侧墙出入户，管道埋深较大（一般在 −4.8m 以下），不方便安装使用，也不方便以后的维修。在地下水位较高的地区，也不利于外墙防渗。

146. 战时污水集水坑利用平时集水坑时，贮备容积如何考虑？

【问题补充】：在实际工程设计中，对于人员掩蔽工程，规范允许设置干厕，因此绝大部分工程不会像设计水冲厕一样设置专用的战时生活污水集水坑，而是利用干厕或水箱附近的平时集水坑。而此集水坑在平时设计时并不需要考虑贮备容积。由于集水坑平时和战时的使用性质不同，会导致容积要求有很大区别。根据平时工况，集水坑的调节容积可能较大（水泵排水流量较大），无需增加贮备容积；而根据战时工况，集水坑的调节容积较小（水泵排水流量较小），需增加贮备容积。若设计需兼顾、结合战时工况，则集水坑所需的总有效容积会很大，即平时调节容积与战时贮备容积之和。经考察了解，目前多数设计院在设计时并未充分考虑战时集水坑贮备容积的需求，而是常规认为能满足平时集水要求的集水坑一定能满足战时集水坑的要求（因战时集水排水量普遍较平时要小很多）。

（1）根据《人民防空地下室设计规范》GB 50038—2005 第 3.5.1 条："医疗救护工程

宜设水冲厕所；人员掩蔽工程、专业队队员掩蔽部和人防物资库等宜设干厕（便桶）；专业队装备掩蔽部、电站机房和人防汽车库等战时可不设厕所；其他配套工程的厕所可根据实际需要确定。对于应设置干厕的防空地下室，当因平时使用需要已设置水冲厕所时，也应根据战时需要确定便桶的位置"。一般情况下，不需要战时同时设置干厕和水冲厕所（即设置生活污水集水坑），应设置干厕的防空地下室，即使平时工程内已设置了水冲厕所，战时仍应设置干厕；生活水箱的贮水如果用于战时水冲厕所的冲洗，水量也远远不够，战时生活污水仍全部排往干厕。

（2）设置了干厕的人防工程，人员的生活污水首先排入干厕的便桶内，便桶满后，再将便桶内的污水倒入干厕附近的污水集水坑，该坑可利用平时的消防废水集水坑。按照《人民防空地下室设计规范》GB 50038—2005 第 3.5.2 条设置合理的干厕数量，干厕便桶本身能起到隔绝防护时间内生活污水池贮备容积的调节作用。所以，设干厕的防空地下室的用于平时排消防废水，战时排生活污水的集水坑无需考虑战时生活污水的贮备容积。

（3）设置了水冲厕所或者平战结合工程内，用于收集水冲厕所污水的生活污水集水坑，其实际有效容积应大于或等于《人民防空地下室设计规范》GB 50038—2005 第 6.3.5 条计算值。

147. 如何理解防爆化粪池的设置要求？

在自流排水系统中，防爆化粪池起防毒、防冲击波的作用。而采用机械排水时，压力排水管上的防护阀门起防冲击波、防毒的作用，可不再设置防爆化粪池。

148. 人防医疗工程的污水处理设施是否必须设置？可否平战共用？

人防医疗工程一般结合平时医院布置和建设。医院污水处理系统比较复杂，不宜建在防护区内。防空地下室内医疗设备设施平战时产生的污废水，接入地面建筑的污水处理系统进行处理。

149. 请给出《全国民用建筑工程设计技术措施－防空地下室》中排水管在结构底板下埋设的施工顺序，施工单位普遍不认可其施工可行性。

（1）图 4-23 未给出混凝土包裹的配筋方案，施工单位确实无法施工。

（2）建议由设计院的结构专业对此图进行合理配筋后再提供给施工单位。

（3）图 4-24 为某设计院结构工程师提出的配筋方案，可供参考。

（4）不推荐管道穿越底板或在底板中敷设，主要理由是：①管道一旦堵塞，不宜疏通，无法疏通时，工程使用功能受损；②在底板中敷设，影响底板防护能力；③穿越底板时，防水施工要求高；④施工工序复杂，管道坡度难以控制。

（5）建议管道仅在结构底板中敷设，底板厚度不足时，可在用水点附近增加集水坑。

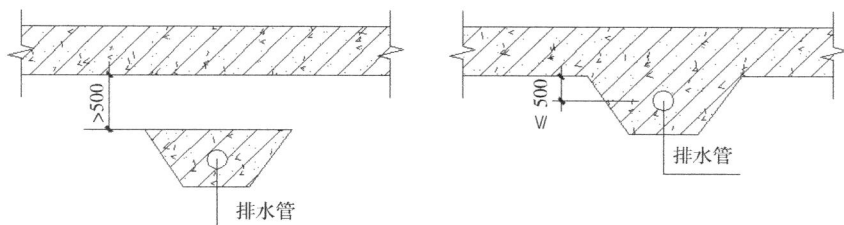

图 4-23　排水管在结构底板下敷设

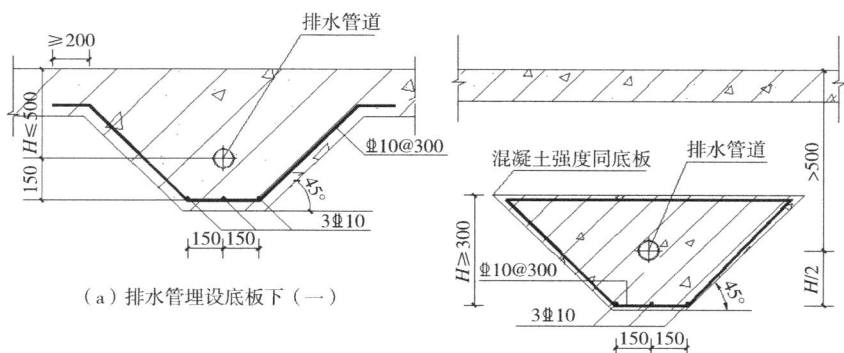

（a）排水管埋设底板下（一）

人防排水管预埋详图

1. 本图适用于人防地下室人防排水管道预埋。
2. 当排水管道埋深小于板厚时，可预埋在钢筋混凝土底板内。

（b）排水管埋设底板下（二）

图 4-24　排水管在结构底板下敷设配筋示例

150. 地下两层均为防空地下室时，地下一层的底板加覆土应设置多厚可以满足地下一层的口部排水要求？

地下两层均为人防工程时，根据《人民防空地下室设计规范》GB 50038—2005第 6.3.15 条的条文说明："上层防护单元的战时洗消废水，不允许排入下层非同一防护单元的防空地下室"，目前能妥善实现该要求的是上层口部洗消排水采用类似地上住宅卫生间同层排水的方式，具体降板深度要以满足防爆地漏安装及管道坡度的要求为准，口部范围不大（即敷设管道长度较小时），降板深度在 400mm 基本能满足要求（参照《防空地下室给排水设施安装》07FS02，第 48、49 页中的 I 型），但防爆地漏及其排水管道安装在覆土中不合理，降板区域应采用混凝土回填为宜。

151. 扩散室的作用就是消除冲击波，扩散室的防爆地漏排水能否排至无防护措施的集水坑？

（1）人防防护密闭门外的洗消废水集水井可以与平时给排水专业的集水井共用，而一般平时给水排水专业设置的集水井尺寸、深度都要大于人防洗消废水集水井，出于安全考虑，会设置相应的盖板，对于冲击波有一定减弱作用。

（2）排水排出管可根据集水井的水位，设置大于或等于300mm的水封。

（3）扩散室平时不需要排水，可用清扫口替代防爆地漏，则外部的集水坑无需采取防护措施。

152. 审图机构人员要求把人员掩蔽工程可移动厕桶改成卫生器具，如何答复？

专业队队员掩蔽部及人员掩蔽工程战时未贮存水冲厕所用水，所以设置战时干厕，干厕内配置干马桶，干马桶即为卫生器具，也就是说"可移动厕桶"就是卫生器具。

153. 防空地下室工程具有防护和防化功能，是否应考虑防护战时敌方"洪水当武器"的攻击？

不应考虑。这种"洪水当武器"的攻击考虑不适用于普通人防工程，原因如下：首先，我们的防空地下室定义为"具有预定战时防空功能的地下室"，主要考虑的是核武器、常规武器、生化武器、生物战剂等对人防工程内部人员及设备的侵害。其次，如"敌方炸垮河堤、江堤和湖堤，导致的洪水攻击"这种情况，属于不可抗力，如考虑这种防护，则相当于对普通人防工程赋予了与它定位不符的功能要求。而大雨情况下，普通地下室特别是南方，在市政雨污水管道无法有效排水时，偶尔也会遇到雨水倒灌进入地下室的情况，更何况洪水攻击造成的倒灌水量更大，无法防护。而"敌方炸垮河堤、江堤和湖堤，导致的洪水攻击"这种可能出现的情况，属于军事防护和人防重要经济目标防护范畴，应主要考虑在人防规划上与当地的自然情况合理结合，减少出现洪水的可能。而那些重要的河堤江堤等一般也是军事上的重要防卫目标。

154. 防空地下室为两层，人防区在地下一层，需要冲洗的地方设置防爆地漏，防爆地漏的安装高度大于板厚该如何处理？

（1）加厚相关部位底板厚度（包括其排水管部位）。

（2）安装防爆地漏的位置局部降板。

（3）精确计算排水量，合理选择地漏的规格，凭经验选择的防爆地漏，多数情况下规格偏大，会导致安装高度过大。

（4）取消防爆地漏，就地设置洗消排水集水池。

155. 关于战时水箱的溢流管管径，有必要按照《消防给水及消火栓系统技术规范》GB 50974—2014 的要求采用进水管 2 倍直径吗？

依据《建筑给水排水设计标准》GB 50015—2019 第 3.8.6-5 条：溢流管管径宜比进水管管径大一级，溢流管出口端应设置防护措施，和平时战时没有关系。

156. 防空地下室战时为人员掩蔽工程，工程内的各类污水泵，战时供电是怎么考虑的？

战时使用的污水泵需按战时设备的供电要求供电。《人民防空地下室设计规范》GB 50038—2005 第 6.3.1 条："防空地下室的污废水宜采用机械排出。战时电源无保证的防空地下室，在战时需设电动排水泵时，应有备用的人力机械排水设施"。第 6.3.2 条："一般防空地下室应设有在隔绝防护时间内不向外部排水的措施。对于在隔绝防护时间内能连续均匀地向室内进水的防空地下室，方可连续向室外排水，但应设有使其排水量不大于进水量的措施"。第 6.3.5 条："战时生活污水集水池的有效容积应包括调节容积和贮备容积。调节容积不宜小于最大一台污水泵 5min 的出水量，且污水泵每小时启动次数不宜超过 6 次；贮备容积必须大于隔绝防护时间内产生的全部污水量的 1.25 倍；隔绝防护时间按本规范表 5.2.4 确定。集水池还应满足水泵设置、水位控制器等安装、检查的要求；设计的最低水位，应满足水泵吸水要求。贮备容积平时如需使用，其空间应有在临战时排空的措施。"

由以上条文可见防护区内仍需考虑生活污水的排出，另依据《人民防空地下室设计规范》GB 50038—2005 第 7.2.4 条：重要的水泵属战时二级负荷，参见表 4-4 战时常用电力负荷分级表。本条条文解释：各类工程二级负荷中"重要的风机、水泵"，一般指战时必不可缺少的进风机、排风机、循环风机、污水泵、废水泵、敞开式出入口的雨水泵等。故战时用的污水泵应按战时二级负荷要求供电，需引接内部电站电源或区域电源，如无内部电站且无法引接区域电源则需设置内部应急电源装置 EPS 为其供电。仅平时用的潜水泵按平时设计要求供电。

战时常用电力负荷分级表　　　　　　　　　　　　　　　　表 4-4

工程类别	设备名称	负荷等级
中心医院 急救医院	基本通信设备、应急通信设备 柴油电站配套的附属设备 三种通风方式装置系统 主要医疗救护房间内的设备和照明 应急照明	一级
	重要的风机、水泵 辅助医疗救护房间内的设备和照明 洗消用的电加热淋浴器 医疗救护必需的空调、电热设备 电动防护密闭门、电动密闭门和电动密闭阀门 正常照明	二级
	不属于一级和二级负荷的其他负荷	三级
救护站 防空专业队工程 一等人员掩蔽所	基本通信设备、应急通信设备 柴油电站配套的附属设备 应急照明	一级
	重要的风机、水泵 三种通风方式装置系统 洗消用的电加热淋浴器	二级

工程类别	设备名称	负荷等级
救护站 防空专业队工程 一等人员掩蔽所	完成防空专业队任务必需的专用设备 电动防护密闭门、电动密闭门和电动密闭阀门 正常照明	二级
	不属于一级和二级负荷的其他负荷	三级
二等人员掩蔽所 生产车间 食品站 区域电站 区域供水站	基本通信设备、音响警报接收设备、应急通信设备 柴油电站配套的附属设备 应急照明	一级
	重要的风机、水泵 三种通风方式装置系统 正常照明 洗消用的电加热淋浴器 区域水源的用电设备 电动防护密闭门、电动密闭门和电动密闭阀门	二级
	不属于一级和二级负荷的其他负荷	三级
物资库 汽车库	基本通信设备、应急通信设备 柴油电站配套的附属设备 应急照明	一级
	重要的风机、水泵 正常照明 电动防护密闭门、电动密闭门和电动密闭阀门	二级
	不属于一级和二级负荷的其他负荷	三级

157. 防空地下室口部排水系统是否需要考虑防护和密闭性问题？

口部排水系统需要考虑防护和密闭性问题，以二等人员掩蔽工程的次要出入口为例，分为两种情况：

（1）口部染毒区和允许染毒区分设集水坑，如图 4-25 所示。

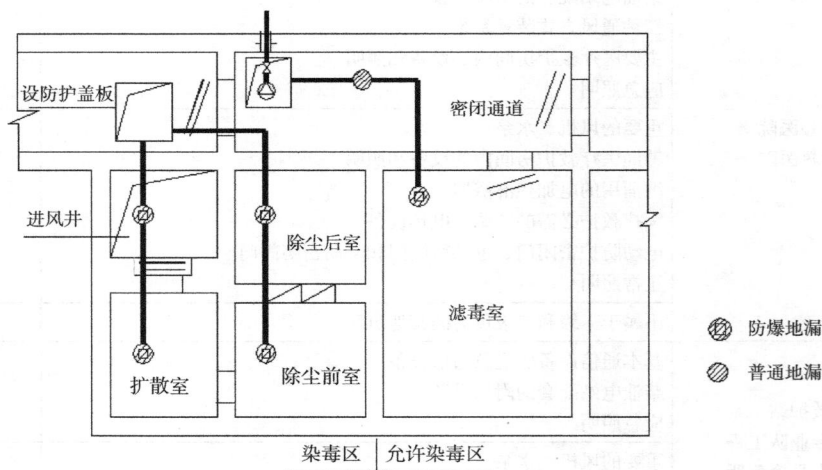

（a）口部染毒区和允许染毒区分设集水坑平面图

图 4-25　口部集水坑设计示例一

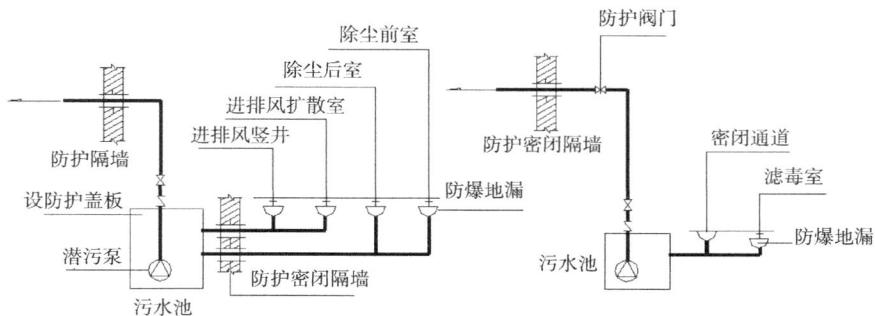

（b）口部染毒区和允许染毒区分设集水坑系统图

图 4-25　口部集水坑设计示例一（续）

　　口部染毒区的集水坑需设置防护盖板，阻挡冲击波进入工程内，而位于允许染毒区的集水坑不再考虑防冲击波作用，相应的房间可设置普通地漏，只需要在污水井排出管上设置防护阀门阻挡毒剂进入。

　　（2）口部染毒区和允许染毒区合并设置集水坑，如图 4-26 所示。

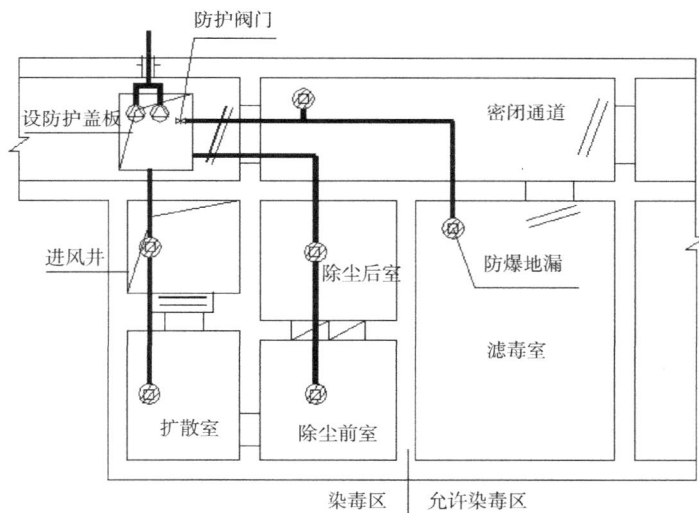

（a）口部染毒区和允许染毒区合并设置集水坑平面图

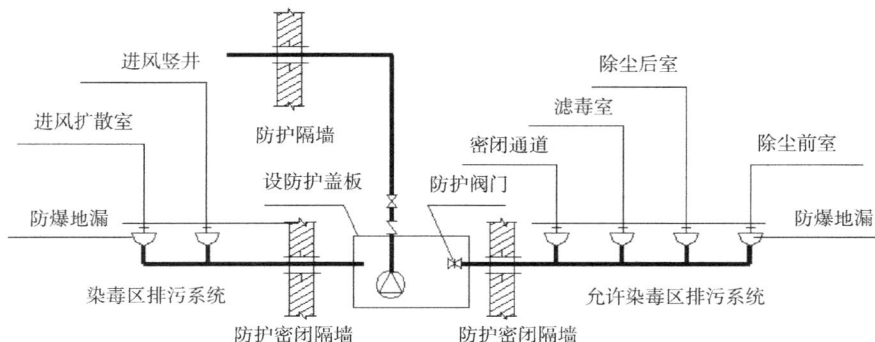

（b）口部染毒区和允许染毒区合并设置集水坑系统图

图 4-26　口部集水坑设计示例二

位于染毒区的集水坑同样需设置防护盖板，因防爆地漏反向防冲击波能力尚无定论，带来的密闭性能也不确定，需在允许染毒的排水管上增设防护阀门，确保冲击波和毒剂不进入工程内。

（3）图 4-25、图 4-26 中的防爆地漏，也可用清扫口替代，防护密闭门外的集水坑不需要加防护措施，接入的排水管上无需加阀门。

158.图纸需要标注集水池排水报警水位并注明报警水位时双泵同启的要求吗？

【问题补充】有审图机构人员提出，人防集水池要求"标注集水池排水报警水位，并注明报警水位时双泵同启的要求。"人防干厕等污水排水集水池是否需要双泵同时启动？如果同时启动，集水池有效容积中的水泵调节容积按照 1 台水泵 5min 流量还是 2 台水泵 5min 流量？

人防排水集水池一般有两种，一种是平时兼用战时的，一种是仅战时使用的。平战两用的一般按平时功能考虑，主要排出消火栓及自喷系统的消防废水，所以根据水量需要标注不同的水位；仅战时使用的集水坑，污水泵一般采用手动控制，无需标注启泵水位。

集水池的调节容积应按 1 台污水泵 5min 的出水量计算，且污水泵每小时启动的次数不宜超过 6 次。

159.平战合用集水池，临战排水问题。

【问题补充】《人民防空地下室设计规范》GB 50038—2005 第 6.3.11 要求："供防空地下室内平时使用的排水泵，宜采用自动启动方式；仅战时使用的排水泵可采用手动启动方式。生活污水泵间宜设有隔声、减振和排除地面积水的措施，并宜设置冲洗龙头。"问题（1）平战合用集水池，战时借用平时的排污泵，是否考虑战时转为手动启动？（2）现在有些单位的设计图纸，平战合用集水池，平时采用平时污水泵排水，战时采用移动式污水泵排水，有效减小平战合用集水池容积，这种是否允许？（3）战时生活污水集水池，战时排水是否要求必须每个防护单元单独排水？《人民防空地下室设计规范》GB 50038—2005 第 6.3.9 条："设有多个防护单元的防空地下室，当需设置生活污水集水池时，应按每个防护单元单独设置。"

（1）防空地下室内设置平时使用的排水泵，平战合用集水池，战时应利用平时的污水泵，战时不需要转为手动启动。污水泵的控制，电气专业设计时根据集水井的液位，采取自动和手动二种方式均可。只有在滤毒式、隔绝式通风时停止向工程外排水。

（2）平战合用集水池，采用平时污水泵排水，战时只有当防护密闭门外集水坑里的平时污水泵被损坏了，才可由人防专业队伍采用移动式污水泵排水，否则继续使用。防护密闭门内的集水坑不存在该问题。

（3）设有多个防护单元的防空地下室，当需设置生活污水集水池时，应按每个防护单元单独设置是正确的。因为各防护单元的内部设备自成独立系统。当一个单元受破坏时对其他单元无影响。

第 5 章
洗消

160. 人员掩蔽工程口部、电站口部在战争的什么阶段冲洗？电站是否需要设置冲洗阀？

防空地下室人员掩蔽工程口部染毒区冲洗，必须冲洗的部位及时机是：

（1）外部染毒报警解除，内部掩蔽人员需疏散到工程外部时，应对工程战时主要出入口的通道进行冲洗，避免人员在无防护措施的情况下通过染毒区域。

（2）战时进风系统，当外部报警完全解除后，需要对工程进风系统进行彻底的清洗，并为工程下一次通风系统防护做好准备。

这两种口部冲洗是最基本的口部墙、地面冲洗。为保障洗消的及时性和可靠性，其洗消用水由工程内部贮存，同时需设置相应的增压设备、给水管道、冲洗阀、冲洗软管等。

发电机房及发电机房的进、排风（排烟）系统可以滞后冲洗。需要考虑洗消排水措施。为了便于工程内部的洗消作业，宜设置与清洁区增压供水系统连通或与室外给水管连通的冲洗阀。这些可滞后洗消的洗消用水，可不在工程内部贮存，一般考虑战后由市政供水或人防专业队运水保障。

161. 根据《人民防空地下室施工图设计文件审查要点》RFJ 06—2008，扩散室排水可否排入防毒通道的染毒集水坑内？

不可以。根据《人民防空地下室施工图设计文件审查要点》RFJ 06—2008 第 5.5.3 条第二款："人员洗消废水池不得与防护密闭门外的洗消污水集水坑共用"，有两层含义。

第一层含义是洗消间或简易洗消间内人员的洗消废水，不得通过地漏排至防护密闭门外的洗消污水集水坑。这样主要出入口需设两个集水坑，一个是设置在防护密闭门内战时染毒区域，收集人员洗消废水集水坑（该坑可兼收集口部防护密闭门内染毒通道、房间的墙、地面洗消废水）；另一个是设置在防护密闭门外，收集主要出入口通道，排风竖井（通道）、排风扩散室的洗消污水。

第二层含义是防护密闭门外的洗消污水不得排入防护密闭门内收集人员洗消废水的集水坑。

由于在战时主要出入口需要设置 2 个洗消废水集水坑，此口部扩散室的洗消污水排入防护密闭门外的集水坑就更为合理。

此外，从染毒程度上分析，扩散室的染毒程度与室外基本相同，属于严重染毒区。其洗消废水的染毒浓度远高于防毒通道内的洗消废水染毒浓度，因此对于二等人员掩蔽工程，扩散室的洗消废水不可以排到防毒通道内的集水坑里，应直接排到防护密闭门外的集水坑内。

162. 上下重叠的防空地下室，下一层的染毒废水压力排水管能否穿越上一层的清洁区排出？

多层防空地下室，下层防空地下室平时的消防废水排水管，一般需穿越至上一层地下室，在适合的位置再穿围护结构，排至工程外部，染毒废水压力排水管不得穿越清洁区。在管道穿下层防空地下室顶板时，按做预埋密闭套管、加装防护阀门的方法做防护密闭处理。这样做的原因，主要是便于工程施工，有利于地下室外墙防水；特别是地下水位较高的地区，要尽量减少管道穿外墙处的埋深。多层防空地下室染毒水的排除，由于染毒水的集水坑都设在口部，不直接穿本层防空地下室的外墙，可贴楼梯间、通道等内墙体向上敷设，再从适合的位置接至室外。应避免穿至上一层防空地下室清洁区再向外排出。

163. 洗消间第一防毒通道、脱衣室的洗消排水能不能排入防护密闭门外的集水坑？

洗消间第一防毒通道、脱衣室的洗消排水排入淋浴室的洗消废水集水坑更为合理。主要原因是：

（1）第一防毒通道、脱衣室的洗消排水地漏如接至防护密闭门外的集水坑，涉及冲击波对地漏的逆向作用问题，在没有更好的地漏产品出现之前，会增加排水系统的复杂性。

（2）认为第一防毒通道、脱衣室的染毒程度比第二防毒通道、淋浴室及检查穿衣室严重，只是在外部空气染毒、进行滤毒通风阶段，这些部位空气及墙面的污染程度上有差异。当进入到内部掩蔽人员需要撤离到工程外部时，通过前期工程的持续排风作用，这些部位空气的污染程度已接近了。

（3）收集和排放洗消废水时，主要是考虑洗消废水自身的有毒性，一般不考虑洗消废水中有毒物质向空气中蒸发的毒性。

（4）人员向外疏散时与外界染毒时进入工程内部的线路不同，不需要再经过脱衣间、淋浴间和穿衣间，而是由第二防毒通道至第一防毒通道，再至战时出入口通道。第一防毒通道、脱衣室的洗消废水流入淋浴室的集水坑后，不会影响人员通过两个防毒通道向工程外疏散。

第一防毒通道、脱衣室排水至淋浴室集水坑比排至防护区外的洗消集水坑更为安全，理由是防爆地漏的抗爆性能测试、密闭检漏测试都是在冲击波从正面来的情况下得出的数据，对于冲击波反向通过防爆地漏是否能满足要求不得而知。虽然第一防毒通道、脱衣室排水通过防爆地漏排至防护区外的洗消集水坑，集水坑盖板采用防护盖板，但盖板与集水坑之间不是一个整体，而是分开的、活动的，冲击波对集水坑盖板的破坏远远大于对防护密闭门的破坏。

164.淋浴洗消电热水器，《防空地下室给排水设计示例》09FS01 图集中是设置在清洁区，如设置在检查穿衣室里是否可行？

电热水器可以并且应该放在检查穿衣室内，首先，从染毒程度分析，检查穿衣室已经属于清洁区。人员在检查穿衣室不会戴防毒面具，如在对人员洗消检查时发现有不合格情况，清洁区可能有微染毒，但很快被排风带走，不致影响人员的安全。热水管道内为密闭的有压水，即使泄漏也不会造成检查穿衣室染毒。其次，由于水的加热时间有要求且加热的水温较低，只有 30 多摄氏度，因此要保证其在输送过程中的热损失尽量降低，设置在清洁区可能会造成热水管道较长，沿程的热损失大，放在检查穿衣室内有利于缩短热水管的长度，进而减少热水管道的热损失。

165.洗消间内洗手盆设置在淋浴洗消之前还是之后？

对进入工程的人员进行洗消是保护人员安全，防止有毒物质带入，避免造成工程内部污染的一种防化保障措施。在脱衣室内脱去衣服放入贮存袋内，对防毒面具进行局部洗消，然后进入淋浴室，再脱去面具，放入密封袋，进行淋浴。

按照《人民防空地下室设计规范》GB 50038—2005 及《全国民用建筑工程设计技术措施——防空地下室》，布置淋浴间洁具时，洗脸盆在淋浴管的前面或后面都行（只要不发生淋浴前后的人员足迹交叉就行），但是从洗消流程及防化规范上看，人员从脱衣间进入淋浴间时，是先进行局部洗消再淋浴洗消，因此淋浴间的布置应满足洗消流程，先洗脸盆后淋浴器，如图 5-1 所示。

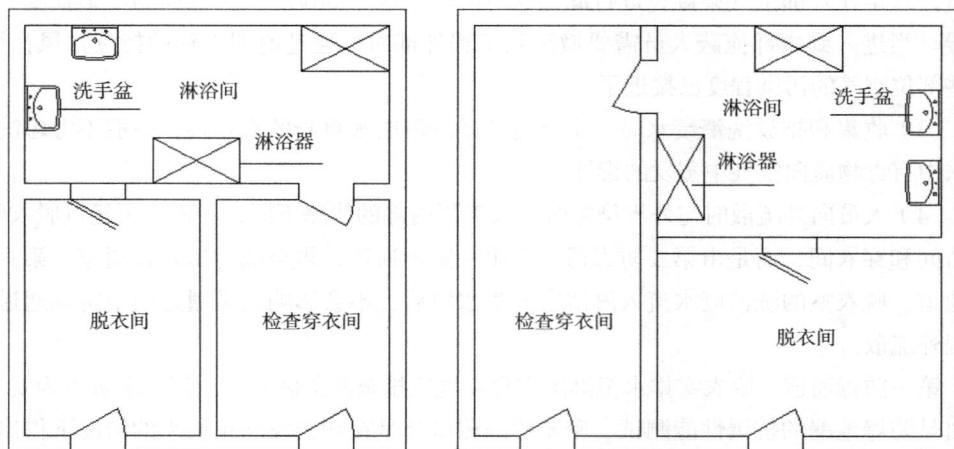

图 5-1　洗消间布置示意图

166. 淋浴洗消间的淋浴器是否需分别设置冷热水管?

根据《建筑给水排水设计标准》GB 50015—2019 第 6.3.7-5 条:公共淋浴室宜采用单管热水供应系统或采用带定温混合阀的双管热水供应系统。由于单管热水供应系统出水温度不能随使用者的习惯自行调节,故不宜用于淋浴时间较长的公共浴室。而对于工业企业生活间的淋浴室,由于工作人员下班后淋浴的目的是冲洗汗水、灰尘,淋浴时间较短,采用这种单管供水方式较适宜。战时淋浴的目的是冲洗防护服上的污染物,淋浴时间较短,考虑洗消水量有限的条件,采用这种单管供水方式较适宜。典型布置参见图 5-2、图 5-3 所示。

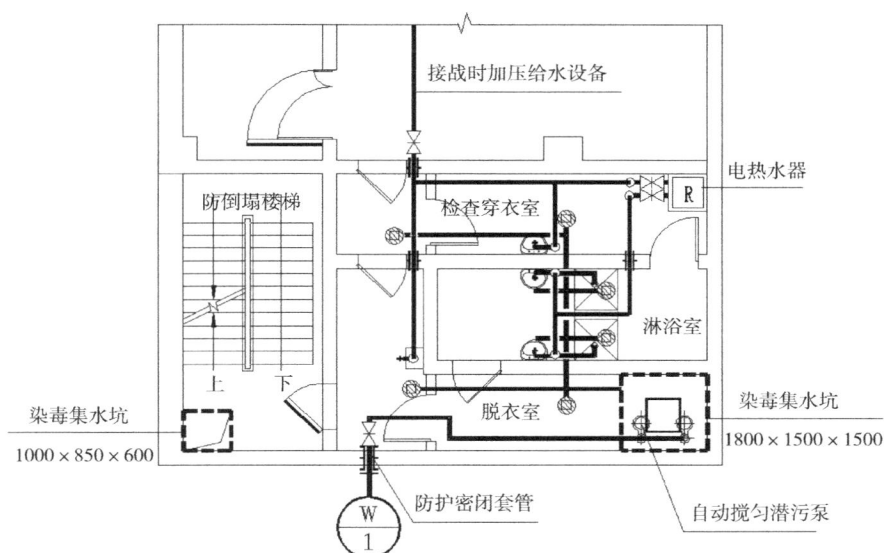

图 5-2 洗消间给水排水平面图

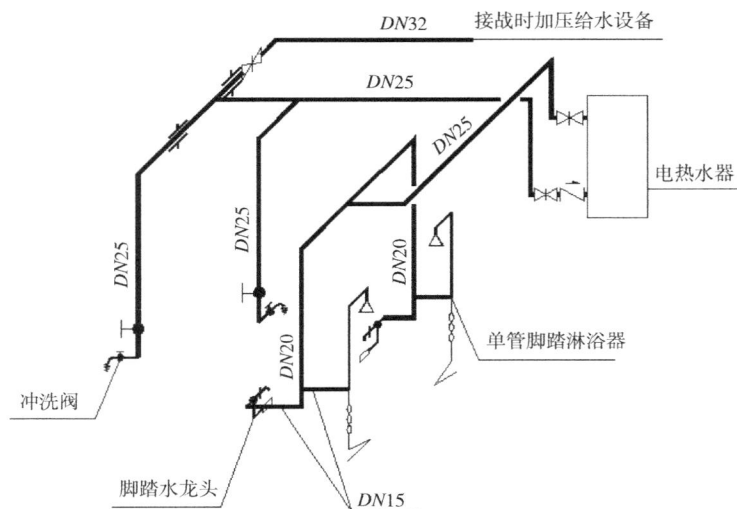

图 5-3 洗消间给水系统图

167. 电站防毒通道内设置战时洗消水箱是否正确？

《人民防空地下室设计规范》GB 50038—2005 第 6.5.7 条："电站控制室与发电机房之间设有防毒通道时，应在防毒通道内设置简易洗消间。"第 6.4.4 条：人员简易洗消的贮水可以存贮在简易洗消间内。电站简易洗消间和防毒通道一般合二为一，洗消水箱设置在防毒通道内，满足规范要求，但考虑防毒通道是可能染毒区，水箱设置在清洁区应该更加合理。

168. 战时口部洗消废水，能不能用地漏引到防护单元内部的集水坑里面，再排出去？

不可以，原因如下：

（1）《人民防空地下室设计规范》GB 50038—2005 第 6.3.15 条的条文解释，明确了口部的洗消废水，一般是有毒废水，不允许排入下层非同一防护单元的防空地下室，而防护单元内部为清洁区，因此，口部有毒洗消废水不能排入清洁区集水坑。

（2）参见《人民防空地下室施工图设计文件审查要点》RFJ 06—2008 第 5.4.3 条规定："非防护区内的污废水不应排入防护区内"。

综上所述，口部冲洗的废水，不能用防爆地漏引到防护单元内部的集水坑内。

169. 战时口部洗消废水是否需要考虑染毒程度的不同即由低染毒区排向高染毒区？

（1）在不排水的时候，高、低染毒区间防爆地漏（防爆清扫口）通过排水管道是连通的，排水管道的防护密闭靠防爆地漏的硬密封解决，如果有水封也可起一定的密闭作用。

（2）洗消废水从低染毒区排向高染毒区，有利于控制染毒范围，降低低染毒区被进一步污染的可能性，便于紧急状态下，可随时终止洗消工作。

170. 多层防空地下室（二等人员掩蔽工程）次要出入口（上下层完全对齐）的洗消废水是否可以串联排放？

（1）当负一层和负二层对应位置均为人防防护单元口部时，根据《人民防空地下室设计规范》GB 50038—2005 第 6.3.15 条的条文解释"为防止有毒废水的污染，上层防护单元的战时洗消废水，不允许排入下层非同一防护单元的防空地下室。目前尚没有可靠的生活污水管道的临战转换措施，上一层的生活污水不允许排入下一层防空地下室"。上一层的口部排水管（扩散室、滤毒室、密闭通道等）不能进入下一层防空地下室。

（2）以二等人员掩蔽部的次要出入口（战时进风口）为例，可考虑负一层、负二层在非人防区合用口部集水坑如图 5-4 所示。

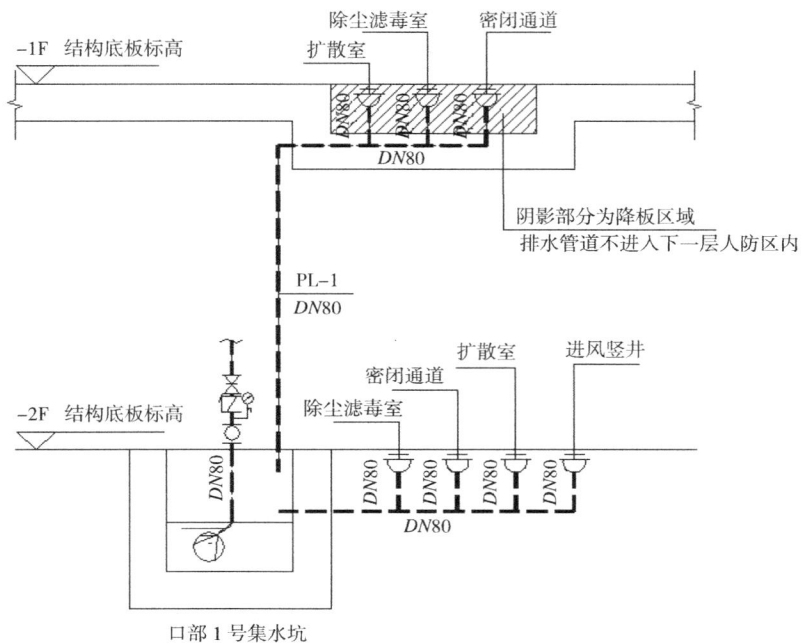

图 5-4　负一层、负二层在非人防区合用口部集水坑

171. 物资库是不是只考虑冲洗物资进出的密闭通道就可以了？

【问题补充】《人民防空地下室设计规范》GB 50038—2005 第 6.4.5-1 条：二等人员掩蔽工程只需要在主要出入口和带滤毒室的次要出入口考虑冲洗；而《人民防空物资库工程设计标准》RFJ 2—2004 第 5.3.1 条：要求在防护密闭门和密闭门之间的通道均应冲洗。物资库是不是只考虑冲洗物资进出的密闭通道就可以了？

物资库口部洗消设置要求涉及的规范有：

（1）《人民防空物资库工程设计标准》RFJ 2—2004 第 5.3.1 条："综合物资库应在防护密闭门与密闭门之间的通道内设置洗消用冲洗阀。冲洗阀的公称压力不宜小于 0.2MPa"；

（2）《人民防空地下室设计规范》GB 50038—2005 第 6.4.5-1 条："需冲洗的部位包括进风竖井、进风扩散室、除尘室、滤毒室（包括与滤毒室相连的密闭通道）和战时主要出入口的洗消间（简易洗消间）、防毒通道及其防护密闭门以外的通道，并应在这些部位设置收集洗消废水的地漏、清扫口或集水坑"。

由于此两本规范对物资库的口部洗消要求规定不同，且此问题时常出现以物资库规范要求各通道均设置冲洗阀的情况；结合两本规范的要求，物资库只冲洗物资主要出入口的密闭通道和战时进风口、风井即可，因为战时物资库是隔绝式通风，其他密闭通道呈关闭状态，染毒可能性比较小。冲洗物资库主要出入口通道和进风口、井以备二次物资隐蔽。当然也可以根据出口地面环境（方便运送物资作为备用口部）在非主要密闭通道口部设置冲洗阀、地漏。

172.防空地下室设置有三个口部的防护单元中，3号口部是否需要考虑冲洗？

对于有防毒要求的防空地下室，其口部指最里面一道密闭门以外的部分，如扩散室、密闭通道、防毒通道、洗消间（简易洗消间）、除尘室、滤毒室和竖井、防护密闭门以外的通道等。口部主要有以下几种：

（1）主要出入口：战时能保证人员或车辆不间断地进出，且使用较为方便的出入口。

（2）次要出入口：主要供平时使用，战时可以不再使用的出入口。

（3）备用出入口：平时一般不使用,战时在必要时（如其他出入口被破坏或被堵塞时）才被使用的出入口。

次要出入口常见做法有两种，无通风要求的次要出入口如图5-5所示，与进风口结合设计的次要出入口如图5-6所示。

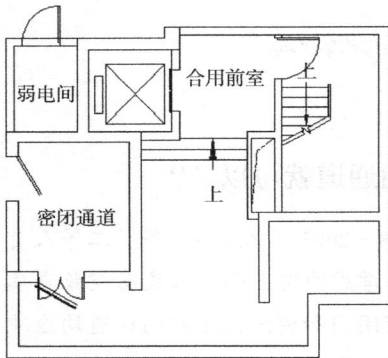

图5-5　次要出入口（无通风要求）　　图5-6　次要出入口（与进风井结合设计）

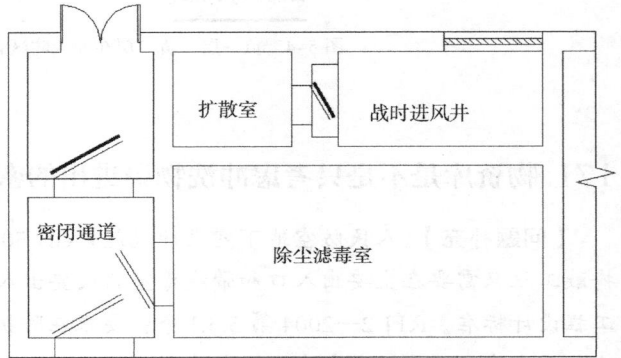

《人民防空地下室设计规范》GB 50038—2005第6.4.5条：防空地下室口部染毒区墙面、地面的冲洗应符合下列要求：需冲洗的部位包括进风竖井、进风扩散室、除尘室、滤毒室（包括与滤毒室相连的密闭通道）和战时主要出入口的洗消间（简易洗消间）、防毒通道及其防护密闭门以外的通道，并应在这些部位设置收集洗消废水的地漏、清扫口或集水坑。根据规范，有三个出入口时，当次要出入口与进风口结合设计应按规范要求设置冲洗；当次要出入口或备用出入口无通风要求时可不设置冲洗。

173.《防空地下室给排水设计示例》09FS01图集中,专业队队员掩蔽部、一等人员掩蔽工程的淋浴室集水坑是否过大？

集水坑的大小应该以规范条文要求为准，根据工程实际掩蔽人数计算后确定。图集仅作为设计参考用，不一定照搬。

174. 独立设置的人防电站洗消用水贮存在哪里？

【问题补充】《人民防空地下室设计规范》GB 50038—2005 中 6.4.5-4 条："口部洗消用水应贮存在清洁区内。"独立设置的人防电站洗消用水贮存在哪里？（清洁区只有电站控制室、人防风机房、干厕三个房间，是否需要独立设置水箱间？）

应在电站清洁区设置战时贮水箱，但应排除电站控制室这类不应设置给水排水管道的房间。如能有单独水箱间更好。如人防电站与邻近的人防工程清洁区连通，电站洗消用水一般贮存在临近防护单元清洁区内的水箱。

175. 防空专业队工程中，当队员掩蔽部与装备掩蔽部相邻布置时，在两个掩蔽部之间连通口处设置的洗消设施数量如何计算？

此问题在《人民防空地下室设计规范》GB 50038—2005 第 3.3.23-3 条有明确规定，在《全国民用建筑工程设计技术措施 - 防空地下室》（2009）中的表 2.4.12 更加直观。首先，无论何种战时功能的人防工程，规范均要求"洗消设施的数量都是依据工程中有洗消要求的人员数量来确定的"。而洗消人员数量是按照掩蔽人员数量的一定比例确定的，掩蔽人员数量又是根据人防工程建筑面积指标确定的，反映出淋浴器和洗脸盆的数量与掩蔽人员功能的防护单元建筑面积直接相关；其次，从战时便于使用和快速反应的角度出发，防空专业队队员掩蔽部与装备掩蔽部宜相邻布置，且相互连通（《城市居住区人民防空工程规划规范》中第 5.3.3 条）。这样就存在相邻队员掩蔽部和装备掩蔽部同属一个防护单元和分属两个防护单元的 2 种情况。这里需要特别说明的是，对于第二种情况，结合专业队员工作开展一般会频繁使用装备掩蔽部中的车辆或专业工具的特点，应该更侧重于在队员掩蔽部与装备掩蔽部连通位置设置足够数量的洗消设施，而在专业队员掩蔽部主要出入口设置的洗消设施可酌情核减或是可以按照最小数量要求设置。还要注意洗消设施应包括淋浴器和洗脸盆，有些设计漏设洗脸盆或洗脸盆、淋浴器设置位置有误，都会引起人员安全和工程内部污染的隐患。几种典型的防空专业队工程中，队员掩蔽部与装备掩蔽部连通口处设置的洗消设施的布置情况如图 5-7~ 图 5-9 所示。

176. 战时主要出入口的冲洗栓是设置于第一防毒通道内，还是设置于第二防毒通道内？

【问题补充】《人民防空地下室设计规范》GB 50038—2005 第 6.4.5-3 条规定：应设置供墙面及地面冲洗用的冲洗栓或冲洗龙头。救护站及一等人员掩蔽部、专业队等主要出入口冲洗栓的设置位置是设置于第一防毒通道内，还是设置于第二防毒通道内？

根据有关防化规范要求：第一防毒通道或缓冲通道内应设置工程口部洗消用的给水管和闸阀。指挥工程、防空专业队工程、医疗救护工程的主要出入口冲洗栓的设置位置可参照此规定。而一般的人防工程对冲洗栓的设置没有明确要求，只是在需要冲洗的部位设置供墙面及地面冲洗用的冲洗栓或冲洗龙头。工程中常见的做法是设置于简易洗消

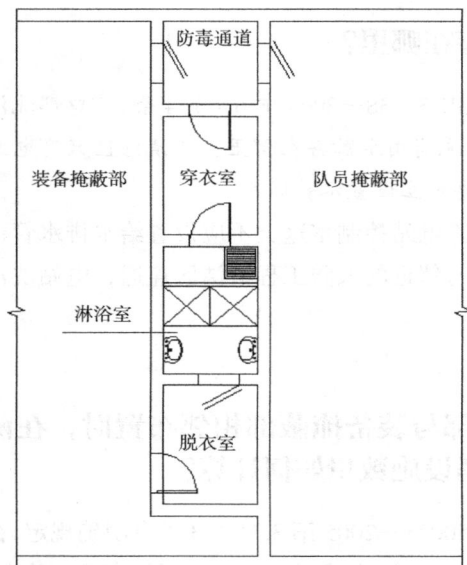

图 5-7　装备掩蔽部和队员掩蔽部同属一个防护单元

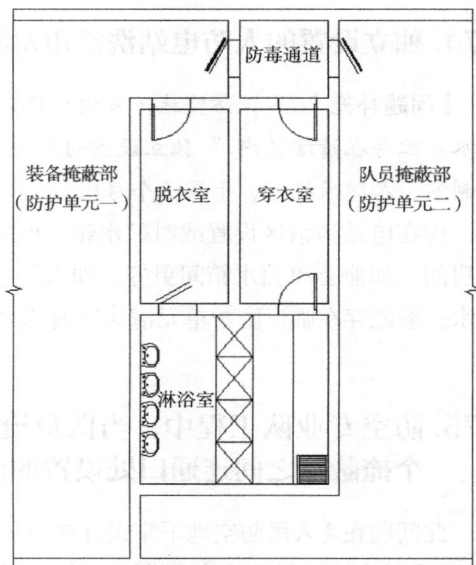

图 5-8　装备掩蔽部和队员掩蔽部分属两个防护单元

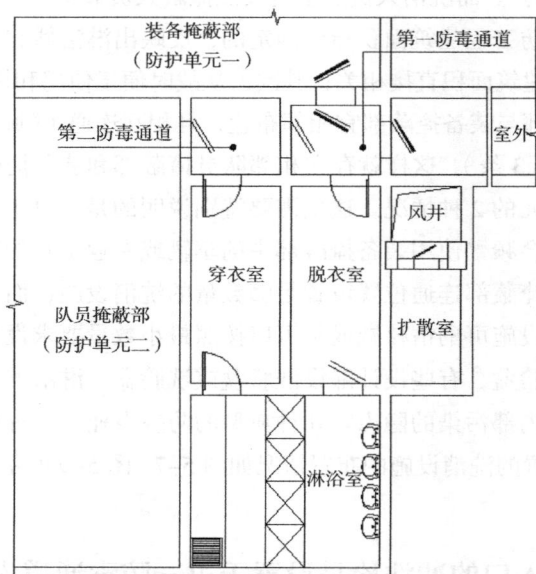

图 5-9　装备掩蔽部和队员掩蔽部分属两个防护单元
（队员掩蔽部主要出入口兼连通口）

间、密闭通道内、除尘滤毒室等。冲洗阀设在通道内部可以更及时更彻底地洗消口部的墙、地面和设施，防止内部受到污染。

177. 密闭通道设置的冲洗阀是否设置在密闭通道外更为合适？

为防止工程口部的放射性灰尘、毒剂、有毒有害物质进入工程内部，冲洗阀设在密闭通道内部可以更及时、更彻底地洗消口部的墙、地面和设施，防止工程内部受到污染。

178. 防化规范中的洗消用水量怎么确定？

【问题补充】防化规范中规定了洗消人员百分数及每人次人员洗消用水量，淋浴洗消水量应怎么确定？人员洗消用的热水量又怎么确定？

指挥工程和核生化监测中心规范中明确了洗消贮水量标准，可按规范规定的参数设计。其他类型按洗消人员百分数计算。

洗消间人员洗消贮水总量为所有淋浴器喷头每小时耗水总量的 2 倍。防空专业队和医疗救护工程的贮水量应有附加值。工程需在 1 小时内将待洗消人员洗消完毕。

179. 轨道交通进风竖井战后是否也需要洗消？

《轨道交通工程人民防空设计规范》RFJ 02—2009 第 8.0.8 条要求：在地铁车站战时主要出入口的密闭（防毒）通道内设置冲洗阀，并应配备橡胶软管，服务半径不宜大于 25m，软管出口处水压不宜低于 0.1MPa，并需设置一次性冲洗所需容量的清洁水箱。

车站口部染毒的设备房间，人防次要出入口及其他人员出入口（含临战封堵出入口）、各类通风道竖井口等属于密闭门以外受到污染的部位，按防化要求要进行清洁洗消。不过冲洗的水源不是由车站内部贮存水供给，由市政管网的水供给，或由人防专业队的供水车供给。冲洗的时间可以滞后一些。

180.《人民防空地下室设计规范》GB 50038—2005 第 6.4.5 条，需冲洗的部位没有包括排风竖井及排风扩散室，但是技术措施上又有要求，如何处理？

人防各专业间相互融会，这个问题应该从排风口的布置情况来理解。《全国民用建筑工程设计技术措施—防空地下室》2009 年版图 5.4.12 中 1–3 示例，战时排风经过扩散室和排风竖井排出。而《人民防空地下室设计规范》GB 50038—2005 第 6.4.5 条，说的是主要出入口的洗消间、防毒通道及其防护密闭门以外的通道。规范中的情况是指战时排风没有利用排风井，而利用的是口部的通道，所以此处没有提排风井的洗消，而说的是防护密闭门以外的通道。并且此处也没有提排风扩散室，可以认为规范此处把排风扩散室、排风竖井类比于进风扩散室、进风竖井，故而省略掉了。建议增加排水措施。

即使战时排风利用了排风竖井和扩散室，战后这些空间最终还是要洗消的，其洗消给水战时可由专业队利用市政水源提供，但排水是需要的，需要和土建同步预留预埋排水地漏和排水管。

181.设计中发现各地的人防办和审图机构在人防工程口部集水坑、防爆地漏的设置上存在很大差异，望明确。

1. 防空地下室二等人员掩蔽部口部排水设计的一般做法

（1）次要出入口（进风口部）

①防护密闭门外的通道或竖井设置集水坑，用于收集防护密闭门外的通道、扩散室、竖井或进风套间的洗消废水，这些部位如设置地漏时应为不锈钢防爆地漏。

②密闭通道、滤毒室、除尘室（包括除尘前室和除尘后室）设置不锈钢防爆地漏。防护密闭门内设置集水坑时（集水坑一般设置在密闭通道），收集密闭通道、滤毒室、除尘室等洗消产生的废水；防护密闭门内不设置集水坑时，收集密闭通道、滤毒室、除尘室（包括除尘前室和除尘后室）等洗消废水后排到防护密闭门外的集水坑。二等人员掩蔽部次要出入口排水平面图正确做法示例如图 5-10 所示，错误做法示例如图 5-11 所示。

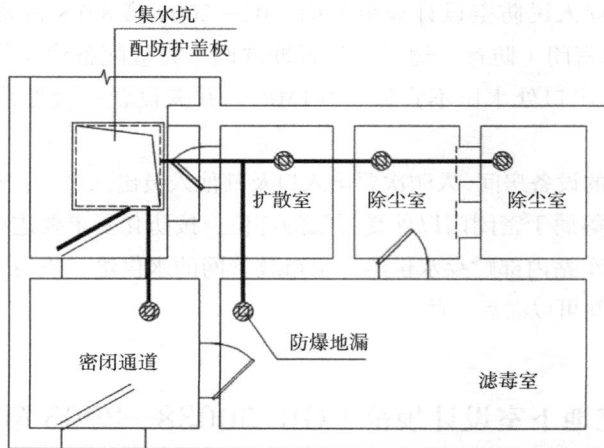

图 5-10　二等人员掩蔽部次要出入口排水平面图示例（正确做法）

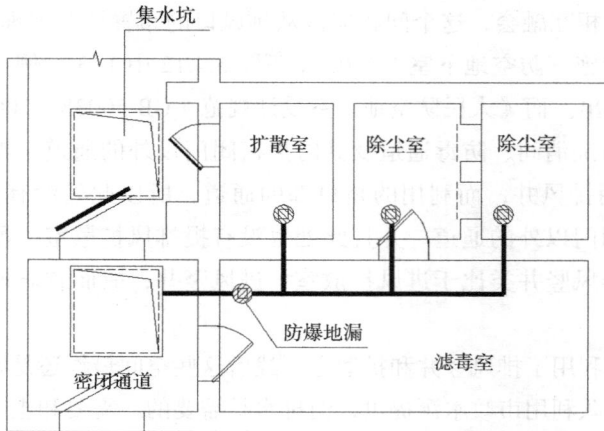

图 5-11　二等人员掩蔽部次要出入口排水平面图示例（错误做法）

（2）主要出入口（排风口部）

①防护密闭门外的通道或竖井设置集水坑，用于收集防护密闭门外的通道、扩散室及竖井的洗消废水，这些部位如设置地漏应为不锈钢防爆地漏。

②洗消间或防毒通道内设置集水坑，地漏为带水封的普通地漏。

二等人员掩蔽部主要出入口排水平面图，正确做法示例如图 5-12 所示，错误做法示例如图 5-13 所示。

图 5-13 错误之处：（a）防毒通道（简易洗消间）洗消废水排到防护密闭门外的集水坑；（b）扩散室洗消废水排到防毒通道（简易洗消间）内集水坑；（c）扩散室及防护密闭门外通道的洗消废水排到防毒通道（简易洗消间）内集水坑。

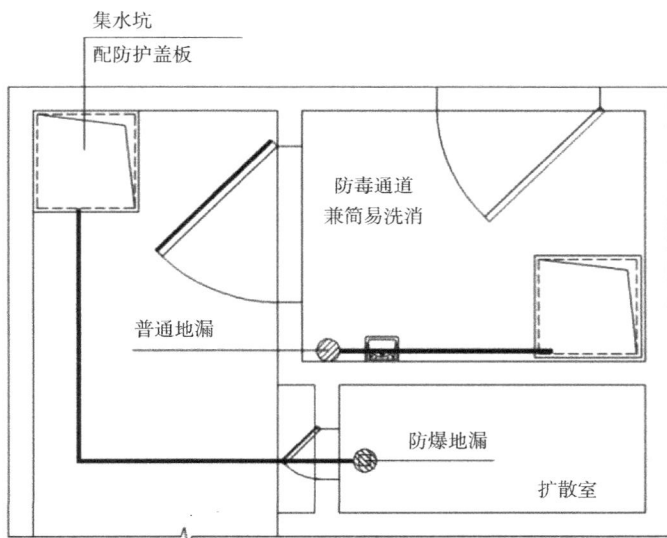

图 5-12　二等人员掩蔽部主要出入口排水平面图示例（正确做法）

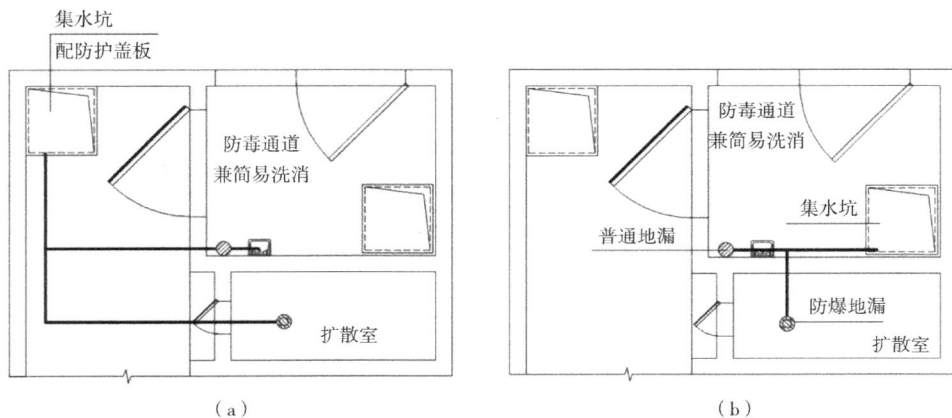

（a）　　　　　　　　　（b）

图 5-13　二等人员掩蔽部主要出入口排水平面图示例（错误做法）

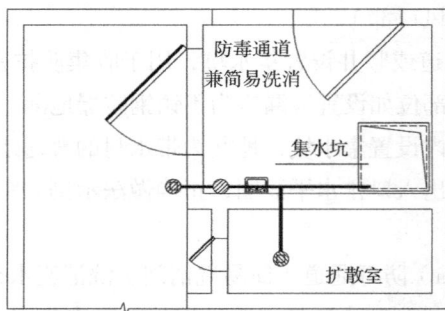

（c）

图 5-13　二等人员掩蔽部主要出入口排水平面图示例（错误做法）（续）

2. 一等人员掩蔽部、专业队人员掩蔽部等 5 级人防工程的口部排水的设计

（1）主要出入口（排风口部）

①防护密闭门外的通道或竖井设置集水坑，用于收集防护密闭门外的通道、扩散室及竖井的洗消废水，这些部位如设置地漏应为不锈钢防爆地漏。

②一般在淋浴洗消间设置集水坑，第一防毒通道、脱衣间设置不锈钢防爆地漏；第二防毒通道、穿衣间设置带水封的普通地漏，汇集后排到淋浴间的集水坑。第一防毒通道、脱衣间的洗消废水也可排到防护密闭门外集水坑。

一等人员掩蔽部、专业队人员掩蔽部主要出入口排水平面图正确做法示例如图 5-14 所示，错误做法如图 5-15 所示。

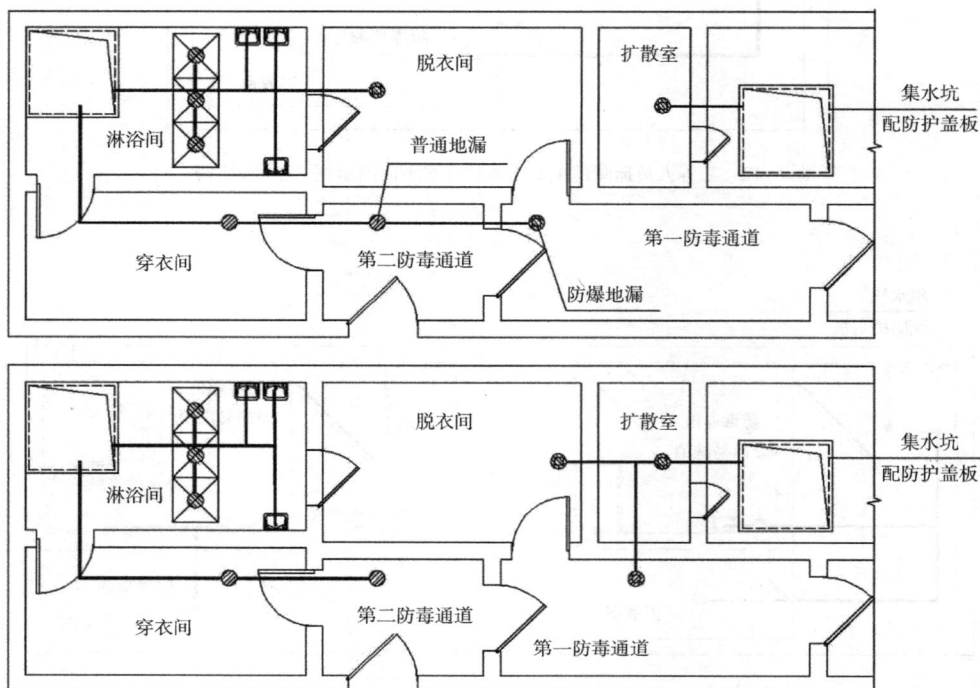

图 5-14　一等人员掩蔽部、专业队人员掩蔽部主要出入口排水平面图示例（正确做法）

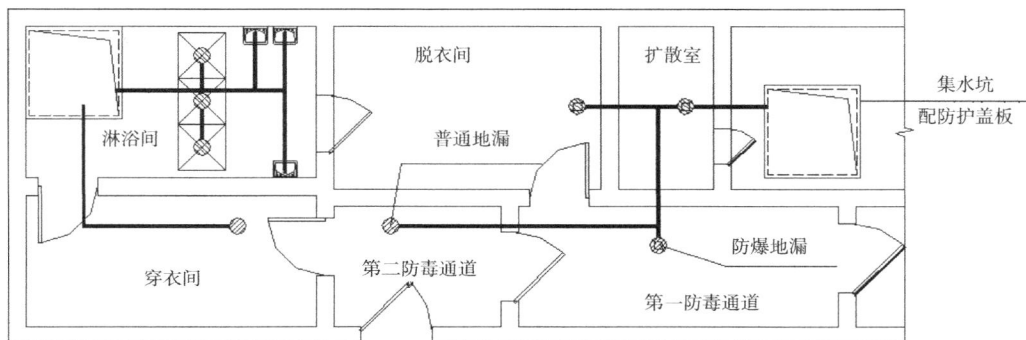

（a）

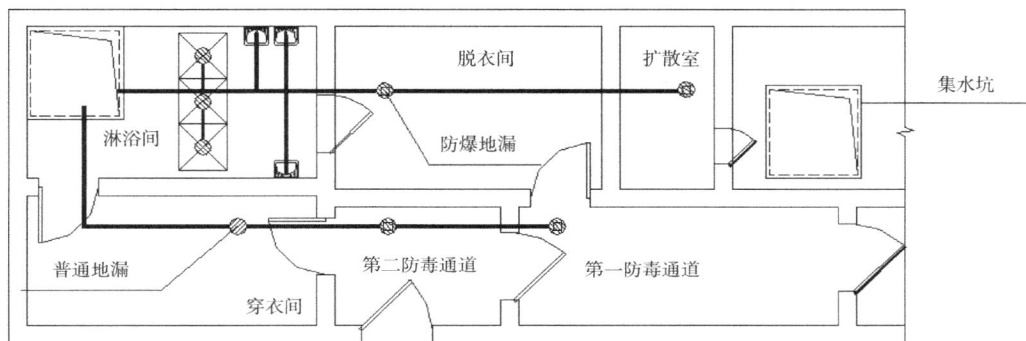

（b）

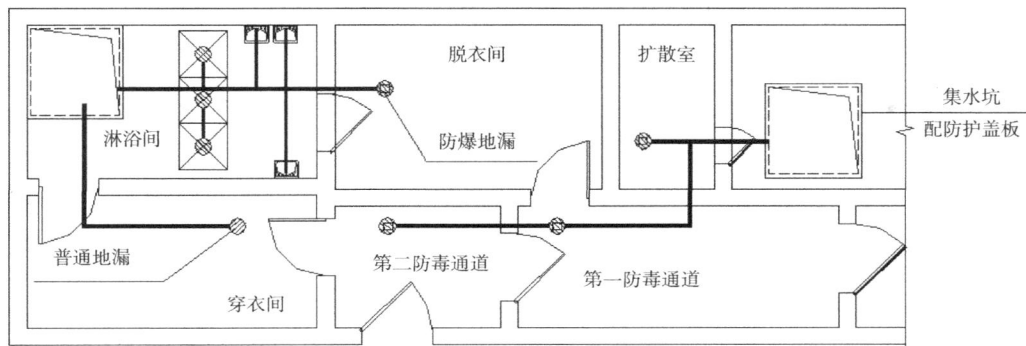

（c）

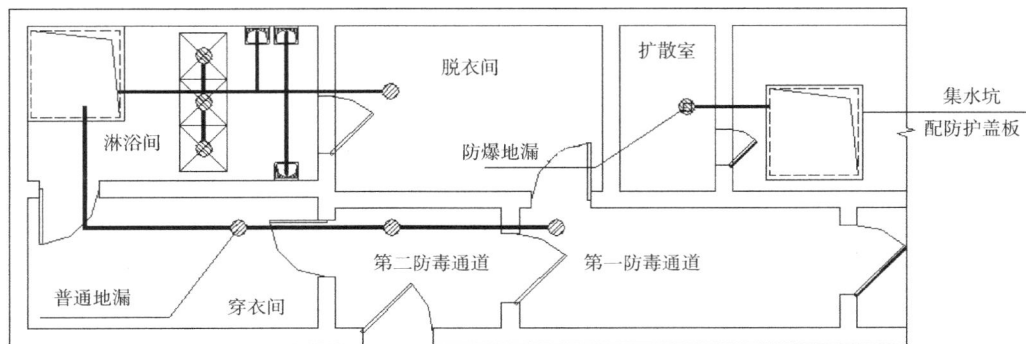

（d）

图 5-15　一等人员掩蔽部、专业队人员掩蔽部主要出入口排水平面图示例（错误做法）

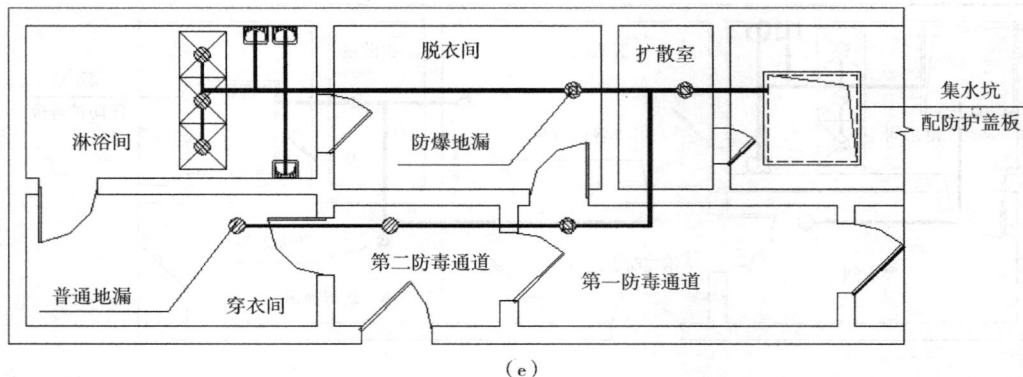

（e）

图 5-15　一等人员掩蔽部、专业队人员掩蔽部主要出入口排水平面图示例（错误做法）（续）

　　图 5-15 错误之处：（a）第二防毒通道洗消废水排到防护密闭门外的集水坑；（b）扩散室洗消废水排到淋浴间内集水坑；（c)第二防毒通道的洗消废水排到防护区外集水坑；（d）脱衣间及第一防毒通道没设置防爆地漏；（e）淋浴间、穿衣间及第二防毒通道的洗消废水排到防护区外集水坑。

　　（2）物资库口部排水设计

　　在每个人防口部的防护密闭门外设置集水坑，在密闭通道内设置不锈钢防爆地漏，其中进风口部的除尘室不需要设置地漏。

第 6 章
柴油电站给水排水及供油

182.按照新版《建筑设计防火规范》GB 50016—2014，固定电站油箱通气管应通向室外，如排至贮油间排风口附近是否正确？

《建筑设计防火规范》（2018 年版）GB 50016—2014 第 5.4.15–2 条："贮油间的油箱应密闭且应设置通向室外的通气管，通气管应设置带阻火器的呼吸阀，油箱的下部应设置防止油品流散的设施"。

因临战前工程内部与室外连通的各类通气管需提前关闭，仅战时使用的通气管，平时设置就没有意义。设计时应了解建设方在实际使用管理中，电站贮油间的油箱在平时是否需要贮油。如果油箱平时贮油，则需严格按照该条文的要求，油箱密闭，设置通向室外的通气管，在室外的通气管末端加装带阻火器的呼吸阀；同时按照人防防护的要求，在通气管穿围护结构的内侧设置防护阀门。如果油箱平时不贮油，仅临战时贮油，则不需要设置通向室外的通气管，仅设置带阻火器的呼吸阀即可；贮油间有专用的排风管，能起到排除油气的作用。

电站贮油箱通气的原理及要求，类似于人防工程内生活污水池的通气。如果生活污水池平时使用，则需要设置通向室外的通气管；如仅战时使用，则设通向厕所排水口的通气管。平时不贮油，仅临战前贮油的油箱设计示例如图 6–1 所示。

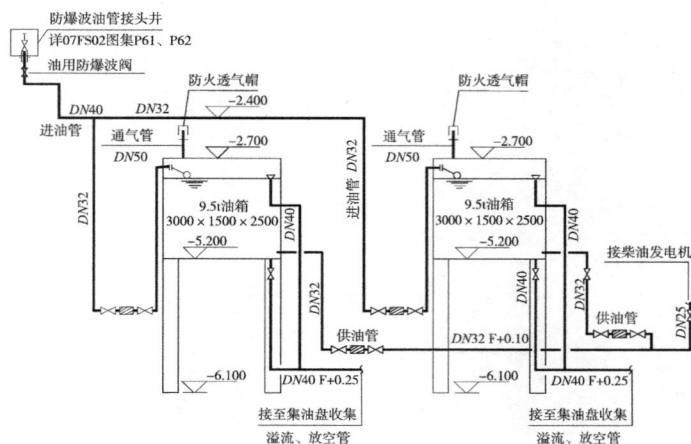

图 6–1   电站供油大样图

183. 如何理解《人民防空地下室设计规范》GB 50038—2005 第 6.5.9 条对油管接头井设置的要求？

《人民防空地下室设计规范》GB 50038—2005 第 6.5.9 条是对油管接头井的设置及油管引入防空地下室的做法提出的具体要求。油管接头井内安装了输油的快速接头，便于工程外部油罐车快速向防空地下室柴油电站输油。由于油管接头井本身并不复杂，造价也较低，防空地下室柴油电站应优先设置利用油管接头井向内部输油的方式。如有的柴油电站，由于地面建筑、道路等原因，不便布置油管接头井、运油车不便接近油管接头井位置，且战时电站贮油总量较小（小型移动电站）时，可考虑采用成品油桶，人工搬运进入柴油电站，但这会增加临战准备的工作量及难度。目前设计中，有不少设计人员为减少设计工作量，对防空地下室柴油电站供油，均采用油桶贮油、临战人工搬运油桶的模式，是不合理的。

184. 水冷电站机房空调冷却用水与柴油发电机用水量如何区分计算和存贮？

水冷电站柴油发电机冷却水带走的热量一般占柴油燃烧热值的 25%～35%。机房空气冷却需带走的热量主要是柴油机、发电机辐射到机房的热量、烟气管路辐射到机房的热量。前者的热量要远大于后者。

在水冷电站的设计中，为了减少冷却水消耗总量，设计中充分利用机房空气冷却与柴油机冷却对水温需求的差异，常采用冷风机、混合水池、柴油机串联加部分水回流模式进行设计。冷风机、柴油机冷却水系统需要单独计算，但考虑水的重复利用（即计算温度不同），先由冷风机使用，再供柴油机冷却使用。因此在冷却水的贮存上是统一考虑、统一存贮的。

当柴油机房采用蒸发冷却时，蒸发冷却水量单独计算，水量叠加到总冷却水量中。

185. 人防固定电站的贮油箱是否需要设置溢油管？

贮油箱应设置溢油管。在外部输油车向油箱供油时，溢油管的作用：①报警，当溢油管有油溢出时，警示油箱已满，需赶紧通知运油车停止供油；②溢油管下需承接溢油盘或溢油桶，便于收集溢油，防止浪费和污染贮油间。

国家相关消防标准允许在工程内设柴油电站及贮油间，一个重要原因是柴油不同于汽油。柴油挥发性较小，闪点也较高，在贮油箱设置了接至工程外部的呼吸阀或内部的防火呼吸阀等防火措施后，是允许存贮一定量的柴油的。

为解决审图专家提出的问题，建议在溢油管上加装一个阀门，该阀门是常闭阀门，仅在工程外部向贮油箱输油时打开。这与接市政给水管网的水箱溢流管不同，市政管网随时都有可能向水箱补水，溢流管随时可能需要发挥作用，所以水箱溢流管上不允许加阀门。

186.现在发电机一般自带机底油箱，是否还有必要设日用油箱？

如果发电机组平时基本不使用，仅在平时发电机组调试、维护时使用，可以利用机组自带机底油箱，不另设日用油箱。

但发电机组需连续运行，且对机组运行自动控制要求较高时，宜设计高架日用油箱，如图6-2所示。

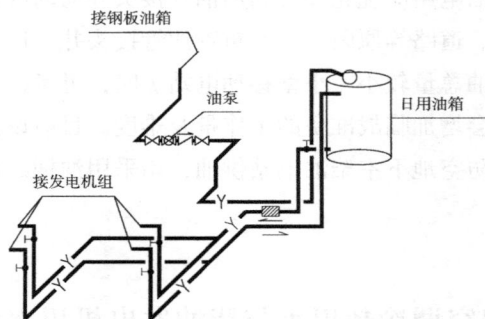

图6-2　设高架日用油箱电站供油系统图

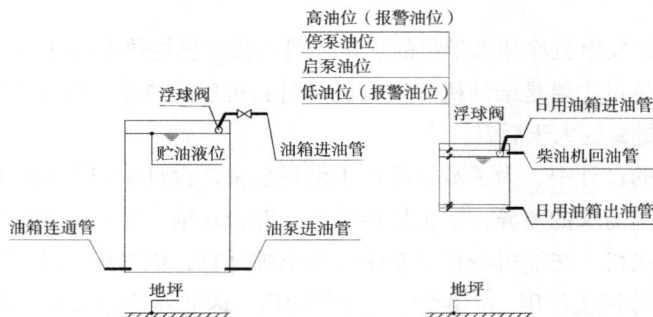

图6-3　油箱液位控制示意图

设高架日用油箱，便于供油过程的自动控制。供油泵根据高架油箱中的油位自动启、停。机组底部油箱，一般比较扁平，根据油位深度控制比较困难。油箱液位控制示意图如6-3所示。

现在大多数的柴油发动机均需设置回油管，而柴油发动机的回油高度一般不大于1.80m（柴油发动机功率大的稍微高一些）因此当贮油箱安装的油位高度大于1.80m时均需设置日用油箱。如果设置日用油箱，那么也必须设置油泵。常用的康明斯柴油发电机组燃油消耗率及自带油箱容积如表6-1所列。

康明斯柴油发电机组燃油消耗率及自带油箱容积表　　　　表6-1

机组型号	发动机型号	常载功率 （kW）	燃油消耗/常载 （L/h）	自带油箱容积 （L）
C150D5B	6BTAA5.9-G15	110	32	448
C275D5B	6LTAA9.5-G3	200	54	533
C400D5EB	QSZ13-G7	291	69.7	820

187. 日用油箱的最低油位应至少高于柴油发电机进油口多高为宜?

建议参照《工业与民用供配电设计手册》(第四版 上册) 3.3.3-4 条及国家标准图集《柴油发电机组设计与安装》15D202-2，日用油箱的最低油位高于柴油发电机的高压射流泵，具体高度与选用柴油发电机组厂家配合，由厂家提供，如图 6-4 所示。

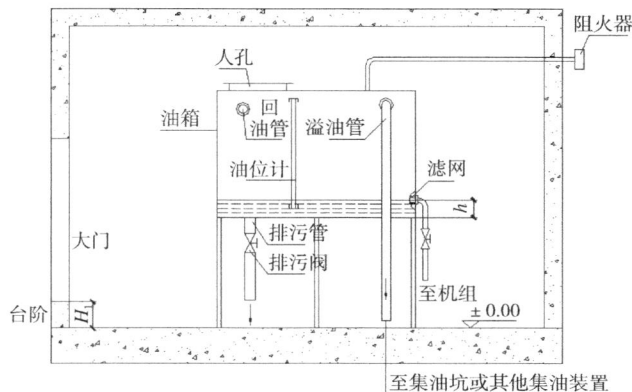

注: 1. h 为 100~150mm，出油口应高于柴油机的高压射流泵。
2. H_1 的高度应使漏油不至于流出贮油间。
3. 本图油箱结构为示意图，具体设计时可不与本图一致。
4. 根据现行《建筑设计防火规范》GB 50016 要求，在民用建筑内设置贮油间时，其总存贮量不应大于 $1m^3$。

图 6-4　电站油箱安装示意图

188. 柴油发电机房日用油箱应设置在机房内什么位置?

参照《柴油发电机组设计与安装》15D202-2 第 75、76 页，建议设置在贮油间内。平时不使用仅战时使用的柴油发电机房的日用油箱，如果贮油间的空间能够放置，建议设置在贮油间内。确实因为贮油间空间太小不能放置时，可以放置在柴油发电机组旁。日用油箱高度按相应机组的要求定 (能自流供油)。日用油箱与柴油发电机组连接的管道上不需要设置油用手摇泵；从大贮油箱到日用油箱的供油管道，如果不能满足重力流供油，建议设置电动油泵；战时有柴油发电机组的内部电源，无须设置油用手摇泵。根据《建筑设计防火规范》GB 50016—2014 第 5.4.13-4 条规定，日用油箱贮油量不应大于 $1.0m^3$。

189. 移动电站和固定电站中集水坑和贮水箱的设计要求有哪些?

(1)《人民防空地下室设计规范》GB 50038—2005 第 6.5.4 条:"移动电站或采用风冷方式的固定电站，其贮水量应根据柴油发电机样本中的小时耗水量及规范表 6.5.2 要求的贮水时间计算。如无准确资料，贮水量可按 $2m^3$ 设计。柴油发电机房内宜单独设置冷却水贮水箱，并设置取水龙头"。冷却水箱内贮存的水用于在柴油发电机组循环冷却水的水温过高时做补充。冷却水单独贮存的目的是保证冷却水不被挪用，便于取用。如所选柴油发电机采用专用冷却液冷却，则不需要设置发电机冷却水补水箱。

（2）《人民防空地下室设计规范》GB 50038—2005 第 6.5.6 条规定了在柴油发电机房内的适当位置宜设置拖布池。电站内排水主要是战前清洁打扫产生的废水，排水集水坑的大小能满足水泵的安装和吸水的要求即可。图 6-5 为固定电站大样图示例。

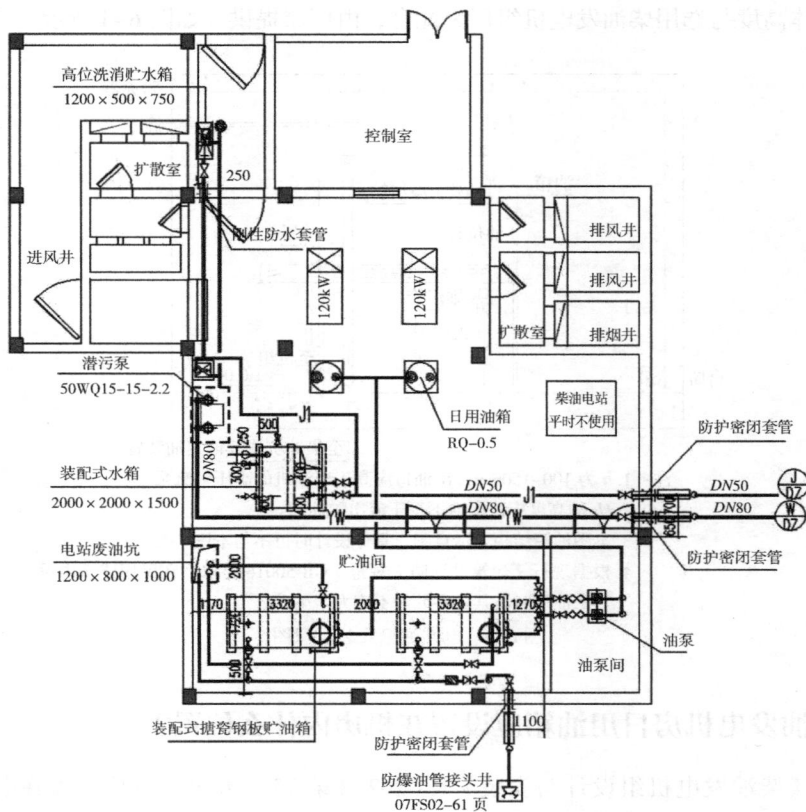

图 6-5   固定电站大样图示例

190.《人民防空地下室设计规范》GB 50038—2005 中对供油管道的材质没有说明，《防空地下室给排水设施安装》07FS02 说明 6.3 条，输油管严禁采用镀锌材质，如何理解？

《防空地下室给排水设施安装》07FS02 中总说明 6.3 条规定：输油管及阀门采用钢管和不锈钢管，禁止采用镀锌材质（与油中硫反应）。硫是钢中的有害杂物，含硫较高的钢在高温进行压力加工时，容易脆裂，通常称为热脆性。

《输油管道工程设计规范》GB 50253—2014 第 5.3.1 条规定：采用的钢管、管道附件的材质选择应根据设计压力、温度和所输介质的物理性质，经技术经济比较后确定。采用的钢管和钢材应具有良好的韧性和可焊性。5.3.2 条规定：线路用钢管应采用管线钢，钢管应符合现行国家标准《石油天然气工业 管线输送系统用钢管》GB/T 9711—2017 的有关规定；输油站内的工艺管道应优先采用管线钢，也可采用符合现行国家标准《输送流体用无缝钢管》GB/T 8163—2018 规定的钢管。5.3.3 条规定：其他钢管材料应采用镇静钢。

　　油管类型：柴油管路应采用黑铁管、钢管或铜管。严禁使用镀锌管，柴油可以和镀锌管发生反应，产生沉积物，堵塞油滤，并导致油泵和喷嘴故障。

　　输油管线采用无缝钢管，地下管线采取焊接，输油管线埋地时深于 0.5m。室外油管埋地敷设，埋深在冻土层以下，管道四周应填砂。阀门采用碳钢法兰球阀，法兰密封材料采用聚四氟乙烯。所有管道连接除阀门处外，均采用焊接方式。公称直径不大于 25mm 可采用气焊，其余采用手工电弧焊。所有焊缝均采用氩弧焊打底。室内油管敷设在地沟内，地沟内填砂。燃油管路做混凝土保护，或做混凝土防渗漏处理。

191. 防爆波油管接头井有哪些设置要求，是否需要与人防外墙紧靠设置？

　　关于油管接头井的设置，《人民防空地下室设计规范》GB 50038—2005 第 6.5.9 条："柴油发电机房的输油管当从出入口引入时，应在防护密闭门内设置油用阀门；当从围护结构引入时，应在外墙内侧或顶板内侧设置油用阀门，其公称压力不得小于 1.0MPa，该阀门应设置在便于操作处，并应有明显的启闭标志。在室外的适当位置应设置与防空地下室抗力级别相同的油管接头井"。

　　规范对于油管接头井的设置要求只有简短的两段文字，关键要求是油管接头井设置需与防空地下室抗力级别相同，无论甲类还是乙类人防工程，均要考虑冲击波作用，油管接头井应为防爆波油管接头井。

　　油管接头井安装图如图 6-6 所示，柴油发电机供油系统图如图 6-7 所示。

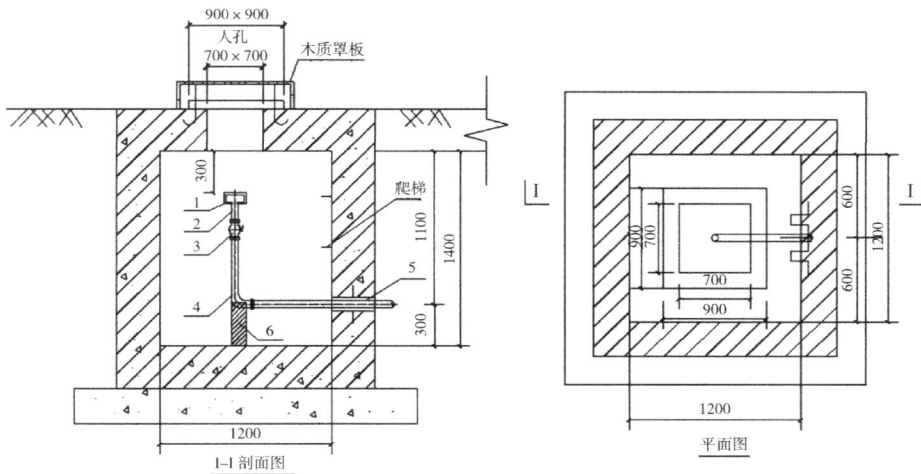

编号	名称	规格	材料
1	快速接头盖	DN65	金属
2	快速接头	DN65	金属
3	球阀	DN65	金属
4	90°弯头	DN50	金属
5	防护密闭套管	DN50	金属
6	砖支墩	—	砖砌

说明：
1. 材料表中的金属材料不得采用镀锌材料。
2. 结构详图见图集 07FS02 第 62 页。
3. 金属盖板：4 级　δ=10；
　　　　　　5 级　δ=8；
　　　　　　6 级　δ=8。

图 6-6　油管接头井安装图

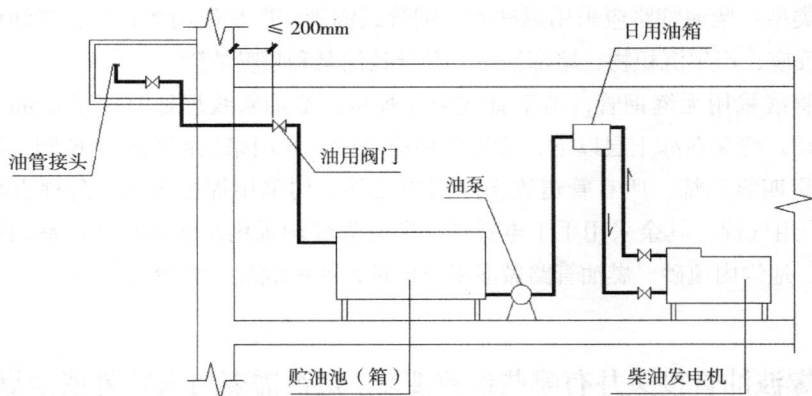

图 6-7　柴油发电机供油系统图

油管接头井可不紧贴外墙设置。油管接头井作为连接外部油罐车和内部输油管道的设施，应设置为防爆波油管接头井，其位置需考虑油罐车回转半径的要求，一般在工程外部就近设置。其做法宜参考《人民防空工程给水排水大样图》RFJ 05—2009—GSPS第 57 页。

简而言之，柴油电站防爆波油管接头井位置设置应符合以下三点要求：

（1）宜尽量靠近发电机房，或紧贴侧面或设置顶板上。

（2）接头井位置应方便油罐车接入输油。

（3）如不能紧贴人防外墙应尽量控制输油管长度，以减少管道防护、减少经济成本。

192.《人民防空地下室设计规范》GB 50038—2005 规定柴油电站贮油箱不少于 2 座，并在室外设油管接头井，而图集《防空地下室移动柴油电站》07FJ05 只设若干个油桶，与规范是否相违背？

《人民防空地下室设计规范》GB 50038—2005 第 6.5.10 条"燃油可用油箱、油罐或油池贮存，其数量不得少于两个。"规范中未提及油桶。

《防空地下室移动柴油电站》07FJ05 中电站贮油采用油桶，《防空地下室固定柴油电站》08FJ04 中电站贮油采用油箱。

图集只是参考做法，一切以规范为依据。移动电站、固定电站设置油箱比较安全可靠。

193. 柴油电站进水管，《防空地下室移动柴油电站》07FJ05 在隔墙两侧设防护阀门，是作为一个防护单元考虑的吗？

固定电站一般作为独立的防护单元，而移动电站一般不作为独立的防护单元，宜和人员掩蔽单元、人防汽车库单元、防空专业队装备掩蔽单元相结合，所以电站的进水管只需在电站外侧，清洁区内设置阀门即可。

当电站为多个防护单元服务时，为使相邻防护单元被破坏不能影响电站使用，则建议按两侧设置。

194. 柴油发电机采用冷却液，是否需要设置冷却水贮水池？冷却液贮存标准是多少？出处在哪里？

《人民防空地下室设计规范》GB 50038—2005 第 6.5.4 条文解释：如所选柴油发电机采用专用冷却液冷却，可不设柴油发电机冷却水补水箱。现在的发电机多数自带冷却液，可不设计补水箱。

195. 移动或固定柴油电站是否算作独立的防护单元？审图机构人员要求电站内战时给水系统独立设置，是否正确？

移动电站的设置应根据防空地下室的用途、并考虑与防护单元相结合，移动电站一般设置在工程有坡道的出入口附近，设有独立的进风、排风、排烟系统，但不作为独立的防护单元，应是防护单元的一部分。宜与人员掩蔽部工程、防空专业队装备（车辆）掩蔽部工程、人防汽车库工程相结合。

固定电站可作为一个独立的防护单元设置，也可与主体工程相结合成为一个防护单元。和相邻防护单元同属一个单元的电站，给水从本单元接入，独立单元的固定电站，给水可以从相邻单元接入，原因是规范要求的每个防护单元的防护设施和内部设备应自成系统，均指的是战时，电站的供水管主要是满足战前冷却水箱充水，电站内设置拖布池主要是平时打扫卫生使用，临战前给水管上的防护阀门均已关闭，战时不再使用，所以给水从相邻单元接入满足规范要求，无需独立设置。

196.《人民防空地下室设计规范》GB 50038—2005 第 6.5.5 条要求柴油发电机房内的用水管线，宜设于管沟内，管沟内宜设排水措施。图集《防空地下室固定柴油电站》08FJ04 把油管设置于管沟中，图集是否违规？

电站供油系统从油箱至发电机的管道，功率小的电站可以沿着墙边敷设，大功率的电站可敷设在管沟内，管沟上无须设置盖板，无需填沙。

此部分规范无明确要求，设计中可参照《石油库设计规范》GB 50074—2014 的有关条文，工程实践中明装、暗敷没有重大技术区别，宜具体问题具体分析，以安装方便、维护简便为宜。

197.《防空地下室移动柴油电站》07FJ05 贮油间内设置地漏是否合理？

《人民防空工程设计防火规范》GB 50098—2009 第 4.2.4-2 条：柴油发电机房的贮油间，墙上应设置常闭的甲级防火门，并应设置高 150mm 的不燃烧、不渗漏的门槛，地面不得设置地漏。所以，移动柴油电站图集中贮油间设置地漏是错误的，不满足规范要求。

198.柴油发电机若不设日用油箱,贮油箱高架直接供油至柴油发电机,回油管回至油箱时回油高度应是多少?

柴油发电机回油管回到贮油箱时应高于贮油箱的最高贮油液位,且一般不高于1.8m(此高度是相对于柴油发电机出油管高度)。随着柴油发电机的功率变大,回油管的高度可以适当高些。建议设置专用日用油箱或发电机组自带日用油箱,直接回油将无法实现日用油箱计量、除杂质等功能。

199.柴油电站防毒通道内的洗消用水和冷却水箱、拖布池用水应引自何处?

柴油电站防毒通道的洗消用水可由电站防毒通道内架高的高位水箱重力供给,也可由相邻单元内的战时加压供水设备供给。柴油电站内的冷却水箱贮水需要在临战转换时限内完成,可接自市政给水管网。柴油电站内的拖布池主要是战前打扫卫生用,其给水由市政管网供给较合理。

200.独立设置的人防电站有没有人员定额?

目前规范没有提到独立设置的人防电站人员定额问题,设计时可以按2~3人考虑,也可根据当地人防主管单位要求或电站运行模式确定。

201.水冷电站空调冷却水泵、柴油机冷却水泵参数如何确定?

【问题补充】水冷式电站冷却水流程:冷却水池→空调冷却水泵→空调冷却器→混合水池→柴油机冷却水泵→柴油机循环→废水集水池;其中空调冷却水泵、柴油机冷却水泵的参数如何确定?

一般冷却机房的空调水系统与冷却发电机组的水系统是分开设置的,包括水池也是分开的。两者最终温度差异太大,流量、压力也不一定匹配。

冷却机房的空调系统根据所选择的空调机组的流量选配水泵的流量,水泵的扬程主要包括机组的阻力、管路的阻力。水泵的选择与普通的空调系统一样。

目前人防使用的发电机组一般采用闭式冷却系统,分为2个闭式循环,2个循环之间是用换热器进行连接。发电机组气缸与换热器之间的循环是发电机组自带的,不需要另外设计。通常需要设计的是换热器的另一侧的冷却系统,用风来冷却换热器的就是常规的风冷发电机组,用水来冷却的通常称为水冷发电机组。

冷却发电机组的冷却水泵流量与换热器的换热系数、换热面积等参数有关。一般换热器产品样本会提供额定工况下的流量、阻力等参数,可供冷却水泵选型参考。配套冷却水泵的扬程主要包括换热器的阻力、管路的阻力。冷却水泵需要选择热水水泵,普通的空调水泵难以使用满足温度要求。

202. 固定电站冷却废水池容积如何计算？

发电机房是允许染毒的，不存在隔绝防护时间内不允许向外部排水而需要贮备容积的问题。其容积按系统调节需要设计。

203. 柴油电站贮油间内是否应设置集油坑？

《人民防空工程设计防火规范》GB 50098—2009 第 4.2.4-2 条规定："柴油发电机房的贮油间，应设置高 150mm 的不燃烧、不渗漏的门槛，地面不得设置地漏。"规范强调贮油间不能设置地漏，是因为地漏与设置在柴油机房的集水坑连通，无法满足防火要求，设置门槛的目的是防止地面渗漏油的外流，《建筑设计防火规范》（2018 年版）GB 50016—2014 第 5.4.15-2 条规定"油箱下部应设置防止油品流散的设施"，考虑柴油的沉淀，放空管需要排出沉渣，所以贮油间设置集油坑还是必要的。

204. 电站防毒通道是否需要设置集水坑？人员洗消排水是否可排至柴油发电站集水坑？

电站防毒通道内设有人员简易洗消设施，就应设置排水设施。电站防毒通道内设排水设施，是在防毒通道内设集水坑收集洗消废水，战后采用移动泵排出，人员洗消排水不可以排至柴油发电站集水坑。

205. 电站冷却及供油如何设计？

【问题补充】对于风冷式电站，现在生产的发电机如自带封闭式冷却系统，是否可以不再设置冷却水箱？如发电机自带油箱，是否可以不设日用油箱，如果可以，发电机自带油箱也必须满足 8~12 小时的油量吗？战时供油管线能否设置在主要出入口楼梯间内？

（1）《人民防空地下室设计规范》GB 50038—2005 第 6.5.2 条：冷却水贮水池的容积应根据柴油发电机运行机组在额定功率下冷却水的消耗量和要求的贮水时间确定。贮水时间可按表 6.5.2 采用。6.5.4 条：移动电站或采用风冷方式的固定电站，其贮水量应根据柴油发电机样本中的小时耗水量及本规范表 6.5.2 要求的贮水时间计算。如无准确资料，贮水量可按 2m³ 设计。若简单根据规范中以上两条似乎应该设置至少 2m³ 的冷却水贮水池，但是依据 6.5.4 条的条文解释：如所选柴油发电机采用专业冷却液冷却，可不设柴油发电机冷却水补水箱。风冷柴油机为空气直接强迫冷却，无水泵、水管、水箱等部件，缸体和缸盖为分体式，无冷却水夹层。目前风冷柴油发电机产品为了提高冷却效果，多数自带封闭式冷却系统，内充专用冷却液，然后再用风扇给带肋的冷却套二次降温，所以不必设冷却水箱。

（2）《人民防空地下室设计规范》GB 50038—2005 第 6.5.11 条：油箱、油罐或油池宜用自流形式向柴油发电机供油。当不能自流供油，需设油泵供油时，应设日用油箱。

规范对发电机自带日用油箱的容积无明确要求，但生产企业还是有明确要求的：一般满足发电机满负荷工作 3 ~ 8 小时油量为宜，最大容积不大于 1.0m³。

（3）《建筑设计防火规范》（2018 年版）GB 50016—2014 第 6.4.1-5 条："楼梯间内不应设置甲、乙、丙类液体管道。"柴油属于丙类液体，所以供油管线不能设置在主要出入口楼梯间内。

206. 防空地下室设置在地下二层时，柴油电站油管接头井可否仅设置在地下一层，不再出地面？

【问题补充】设计中经常遇到这类情况，人防工程需要设置在多层地下室的最底层，例如地下二层，地下三层等，如图 6-8 所示。此时，柴油电站的油管井若直接延伸到地面层，竖井深度有时会达到 10m，不便于战时人员操作，此种状况下，是否可将油管设置在地下室顶板上，不出地面，战时需要补充油料操作时，车辆进入地下层连接油管，此种处理方式是否可以？

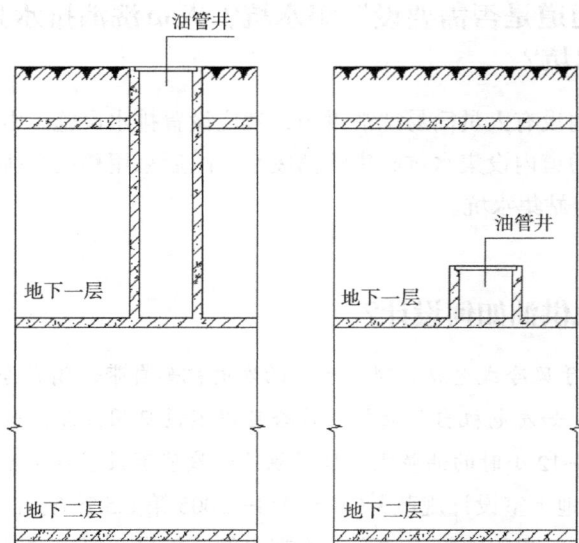

图 6-8　负二层油管接头井设计问题

依据《人民防空地下室设计规范》GB 50038—2005 第 6.5.9 条，在室外的适当位置应设置与防空地下室抗力级别相同的油管接头井。明确了防爆油管接头井应设置在室外。当防空地下室设置在地下二层及以下时，防爆波油管接头井的设置如图 6-8 所示，此时可按层分别设置检修平台，分段、交错设置爬梯，防止人员跌落。出地面的井盖上锁，平时加强维护管理。这种做法对于人防层上层的布局影响较大，建议柴油电站（最好是贮油间）贴外墙设置，防爆波油管接头井也贴外墙设置，以减少对人防层上层的影响。如果防爆波油管接头井设置在地下一层，此时需考虑油罐车的高度、贮油量及转弯半径，能否进入到需要输油的油管接头井位置。根据给水排水专业的贮油量选择相应容量的油罐车（油罐车宜考虑 1~2 台），再复核油罐车的高度。人防层上层为非人防区，以汽车库为例，战前输油时考虑所有小汽车均在车位上时的转弯半径，建议防爆波油管接头井在汽车坡道附近设置。此种方法考虑的问题较多，需要协调的问题较多，也不利于抢修抢建，设计中不建议采用。

207. 防空地下室柴油电站及油管接头井的抗力级别如何确定？

依据《人民防空地下室设计规范》GB 50038—2005 第 6.5.9 条在室外的适当位置应设置与防空地下室抗力级别相同的油管接头井。若工程内有多个不同抗力级别的防护单元，油管接头井抗力级别宜取较高级别。《防空地下室给排水设施安装》07FS02 第 62 页，油管接头井安装图适用于抗力级别 4 级及以下的防空地下室，一般的防空地下室均可采用。

208. 电站输油管可否由油管接头井经过其他防护单元进入电站？

对于油管的敷设，《人民防空地下室设计规范》GB 50038—2005 没有明确的要求，只是要求在室外适当的位置设置与防空地下室抗力级别相同的油管接头井，也就是说从油管接头井到电站油箱的管道也需要满足防护要求。参照《建筑设计防火规范》（2018 年版）GB 50016—2014 第 6.4.1-5 条："楼梯间不应设置甲、乙、丙类液体管道。"楼梯间相对封闭，布置在楼梯间内的管道容易因管道维护管理不到位或碰撞等其他原因发生泄漏而导致严重后果。楼梯间是保证人员安全疏散的重要通道，输送甲、乙、丙类液体的管道不应设置在楼梯间。油管设置在工程内部同样存在安全隐患，所以油管不应由油管接头井经过其他防护单元进入电站。

209. 冷却塔有雾气且温度高，既影响环境又不利工程隐蔽，如何处理？

热红外伪装一般要求排风口和周围环境辐射温差不超过 4℃，冷却塔排风温度高，伪装难度大。采用非冷却式伪装技术可以解决冷却塔排风热红外暴露问题，其代表性设备为伪装冷却装置，也具有消雾功能，设置在口部附近设备间内，详述见后。

冷却塔体积大，形状规则，通常相对独立设置，所以本身易被发现。而且当夏季早晨或其他季节空气温度较低时，排风中有雾气，有时还很明显，这影响了周边环境，有的还被投诉，同时雾气也使冷却塔更易被发现。人防工程周边其他建筑也可能设置冷却塔，但这些地面建筑的冷却塔在较冷天气基本都不运行，而人防工程因为地下环境封闭、地温高、人数多等原因，即使较冷天气依然可能需要运行，而且冷天雾气更大，所以人防工程的冷却塔仍然易被从周边环境中识别出来，从而被发现。冷却塔是和人防工程内的空调机组配套使用的，其被发现，对人防工程隐蔽不利；若冷却塔被击毁，将影响人防工程内空调机组使用，造成工程内过热，因此应该采取消雾等伪装措施。

一种伪装方法是把冷却塔涂刷成和周边环境相近的颜色，这种方法施工简单，但存在以下问题：因冷却塔体积大、形状规则，通常相对独立设置，所以仍易被发现；而且这种方法没有解决雾气和冷却塔温度高的问题。

另一种伪装方法是遮挡，一般是在冷却塔周围设置网状透气遮挡物，但遮挡物易被加热，从热红外角度仍未达到隐蔽，而且也没有解决雾气问题。

还有一种伪装方法是在冷却塔排风中混合环境空气，但因为冷却塔风量很大，要使排风口和周围环境辐射温差不超过 4℃需要混合 10 ~ 20 倍风量，排风速度将达到每秒数十米，实际难以实现。通常只是混合了少部分环境空气，因此达不到伪装要求。

目前能解决冷却塔排风热红外暴露问题的是非冷却式伪装技术，其代表性设备为伪装冷却装置。该装置有和普通冷却塔相似的降低冷却水温度的功能，还能消除排风雾气，其高温排风的热红外伪装采用非冷却式伪装技术，原理为：因为高温排风对热红外成像仪透明，是被高温排风加热的排风口固体壁面造成热红外暴露，所以采用气层隔离技术，利用环境空气把高温排风和排风口固体壁面隔离开，使固体壁面因不能被高温排风加热而保持和环境温度一致，且随环境温度同步变化，这样虽然排风温度仍然较高但能达到热红外伪装要求。而且即使处于零度以下的环境，仍然能满足要求。

伪装冷却装置整体设于地表设备间中，如图 6-9 所示，消除了装置外表可见光和热红外暴露征候。该设备间可设计成车库或仓库样式，在排风方向设电动卷帘门，电动卷帘门和伪装冷却装置联动，使用时打开，停用时关闭。如果工程背景为林地，也可把设备间设计成半埋地式，设备间顶部覆土种植植被以更好融入周围环境。具体样式应与建筑专业沟通商定。

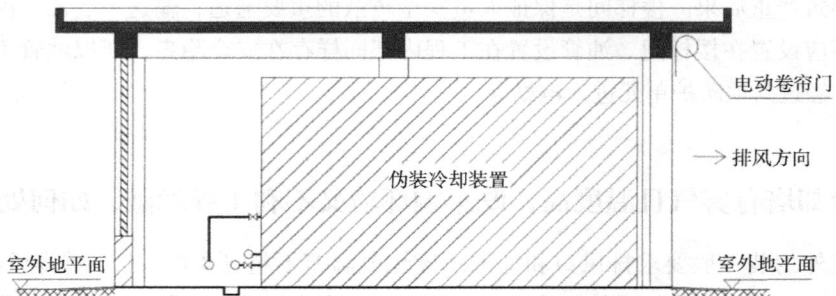

图 6-9　伪装冷却装置布置示意图

第 7 章

消防

210.《人民防空工程设计防火规范》GB 50098—2009 规定 300kW 以上发电机房可设自动喷水灭火系统，如设置气体或水喷雾灭火系统是否需要战前转换？

因战时供电、消防水源等因素的限制，人防工程战时不考虑消防设施的正常运行问题。人防工程设计的消防给水系统、气体灭火系统等均根据平时的使用功能进行设计，以保障平时的消防安全。但如果人防电站设计了气体灭火系统，一般是相对独立的消防系统，应优先考虑不进行战前转换，保留其消防功能。

211. 单建式人防工程不能设置高位消防水箱时，采用气压罐代替高位消防水箱，气压罐计算的依据是什么？

单建式人防工程，当不能设置高位消防水箱时，可以采用气压罐代替高位消防水箱。相关的规范依据有：

①《人民防空工程设计防火规范》GB 50098—2009 第 7.6.3 条："单建掘开式、坑道式、地道式人防工程当不能设置高位消防水箱时，宜设置气压给水装置。气压罐的调节容积：消火栓系统不应小于 300L，喷淋系统不应小于 150L"。

②《自动喷水灭火系统设计规范》GB 50084—2017 第 10.3.3 条："采用临时高压给水系统的自动喷水灭火系统，当按现行国家标准《消防给水及消火栓系统技术规范》GB 50974—2014 的规定可不设置高位消防水箱时，系统应设气压供水设备。气压供水设备的有效容积，应按系统最不利处 4 只喷头在最低工作压力下的 5min 用水量确定。"根据该规范 5.0.1 条注释："系统最不利点洒水喷头的工作压力不应低于 0.05MPa"，如选用标准覆盖面积 $K=80$ 的喷头，每个喷头流量为：

$$q = K\sqrt{10p} = 80 \times \sqrt{10 \times 0.05} = 56.6 \text{L/min}$$

4 个喷头 5min 流量为：$4 \times 5 \times 56.6 = 1132$L

③《消防给水及消火栓系统技术规范》GB 50974—2014 中还没有具体条文明确可不设置高位消防水箱的条件，相近的条文有 5.3.4 条："设置稳压泵的临时高压消防给水系

统应设置防止稳压泵频繁启停的技术措施，当采用气压给水罐时，其调节容积应根据稳压泵启泵次数不大于 15 次 /h 计算确定，但有效贮水容积不宜小于 150L"。

从目前的规范看，一种设计方案是按《人民防空工程设计防火规范》GB 50098—2009 执行，消火栓和自喷合用一套稳压系统时，气压罐调节容积取 450L。另一种设计方案是按照《自动喷水灭火系统设计规范》GB 50084—2017 执行，自喷系统气压罐调节容积取 1132L，消火栓系统气压罐调节容积取 150L，两个系统合用一套气压罐时，调节容积取 1282L。

按较大的 1282L 调节容积设计肯定能通过设计审查。按 450L 调节容积设计也有设计依据。

由于现行《人民防空工程设计防火规范》GB 50098—2009 颁发时间较早，新版本尚未正式颁发，各地执行和理解该规范时有差异，设计时尚需了解当地消防设计、验收部门的具体要求，有些地方的要求要高于现行标准。

212. 工程设计中是否推荐平时使用的消防水池（箱）兼做战时贮水箱（池）？

人防规范对于允许消防水池（箱）兼做战时贮水箱（池）的前提条件是消防水池（箱）必须设置于清洁区，而一般工程消防水池与泵房、泵房与上部之间均有较多管道穿越，如将消防水池设于清洁区而泵房设于非清洁区，则水池配管防护阀门及水池人孔的设置困难；如将消防水池及泵房均设于清洁区则要求泵房出入管道设置防护阀门及对建筑、通风和电气专业带来相关要求，实施有一定难度且占用人防工程面积指标，直接影响工程消防功能，故不推荐。

213. 平时功能为汽车库，战时功能为二等人员掩蔽工程，消防设计按哪个规范执行？人防车库内是否要设置消防软管卷盘？

【问题补充】平时功能为汽车库，战时为二等人员掩蔽工程，消防设计时应按《人民防空工程设计防火规范》GB 50098—2009 的要求执行，还是按《汽车库、修车库、停车场设计防火规范》GB 50067—2014 的要求执行？

（1）依据《人民防空工程设计防火规范》GB 50098—2009 中第 1.0.2 条："本规范适用于新建、扩建和改建供下列平时使用的人防工程防火设计：商场、医院、旅馆、餐厅、展览厅、公共娱乐场所、健身体育场所和其他适用的民用场所等"，3.1.14 条：设置在人防工程内的汽车库、修车库，其防火设计应按现行国家标准《汽车库、修车库、停车场设计防火规范》GB 50067—2014 的有关规定执行。显然，平时为汽车库战时为人员掩蔽工程不在《人民防空工程设计防火规范》GB 50098—2009 规定的适用范畴内。

（2）这类人防工程战时一般作为人员掩蔽工程使用，没有防火要求。

（3）《汽车库、修车库、停车场设计防火规范》GB 50067—2014 中第 7.1.9 条：室内消火栓应设置在易于取用的明显地点，消火栓栓口距离地面宜为 1.1m，其出水方向宜

向下或与设置消火栓的墙面垂直。《建筑设计防火规范》（2018年版）GB 50016—2014
第8.2.4条要求："人员密集的公共建筑、建筑高度大于100m的建筑和建筑面积大于
200m² 的商业服务网点内应设置消防软管卷盘或轻便消防水龙。"所以，人防车库内可
不设置消防软管卷盘。

214. 某地下工程，商场部分为非人防区，车库为人防区，消防水量计算时商场按消规地下建筑取值，还是按人防工程取值？

依据《消防给水及消火栓系统技术规范》GB 50974—2014 的规定，当汽车库与其
他功能的建筑合建时，汽车库室内消火栓设计流量根据《汽车库、修车库、停车场设计
防火规范》GB 50067—2014 消防水量计算。商场按《消防给水及消火栓系统技术规范》
表3.5.2 中地下建筑取值。室内消火栓系统设计流量取二者的大值。

215. 防空地下室内部设置配电室等，如设置探火管灭火系统是否符合规范要求？

探火管感温自启动灭火装置是近几年国内研发的一类简单可靠、灭火及时的独立探
火/灭火装置，简称"探火管灭火装置"。该类灭火装置采用柔性可弯曲的探火管作为火
灾的探测报警部件，同时这种探火管还可以兼作灭火剂的输送及喷放管道。探火管可以
很方便地布置到每一个潜在着火源的最近处，一旦发生火灾，探火管受热破裂，立即释
放灭火剂灭火。具体可参考《探火管灭火装置技术规程》CECS 345—2013。但配电室等
房间设置探火管灭火系统没有规范支撑，不建议采用。

216. 防空地下室内防化通信值班室是否应配置干式灭火装置？

根据相关防化规范 9.1.2-6 要求：防化值班室内照度应为 75~100lx，并应配置应急照
明设备和干式灭火器。一般的人防工程战时不考虑消防，防化通信值班室作为战时的重
要用电房间，平时基本和配电室合用设置，存在火灾危险，配置灭火器还是必要的。

217. 口部密闭通道、防毒通道、简易洗消间、检查穿衣室、脱衣室和淋浴间、滤毒室、排风机房是否应该设置喷头？

根据《建筑设计防火规范》（2018年版）GB 50016—2014 规定，地下室内除不宜用
水灭火的房间外，都应设置自动喷水灭火系统。喷头的布置要根据各房间的使用功能确定，
作为平时使用的排风机房应设置喷头。检查穿衣间、脱衣间、淋浴间、滤毒室平时不使用，
无可燃物不需要设置喷头。密闭通道、防毒通道如果是平时作为消防疏散使用的，应设
置喷头，喷头应布置至防火门处。如平时关闭不使用，仅战时使用的，则无须设置喷头。
对未明确平时使用功能的房间，以设为好，可以根据使用功能做适当调整。各喷淋管道

穿越口部人防墙体时应做好防护及密闭处理措施。具体设计时还要考虑当地消防及审图部门的审查要求。

218.某住宅楼，地下一层为防空地下室，地面消火栓立管能否接自地下室消火栓环网？

（1）"宜"在"规范用词说明"中的解释是"表示稍有选择，在条件许可时，首先应该这样做"，反面词为"不宜"。

（2）"无关管道"是指防空地下室在战时及平时均不使用的管道。人防区室内消火栓给水管道一般单独成环，由非人防区（或室外）引2根消防供水管接入人防区消防环网，由此，严格意义上讲，穿人防围护结构的室内消火栓给水管道超过2根的均可认为是"无关管道"。

（3）各地执行的尺度不一，因此在设计前宜了解当地人防相关标准、规范、规定。

（4）由于临战时，进出防空地下室的消防给水管道需要提前关闭，地面建筑消防给水管与防空地下室的连接管应尽量减少，以减少相关阀门关闭时对地面建筑消防给水系统的影响。

219.防火分区及防护单元分区不一致，自动喷水灭火系统如何处理口部防护单元外的区域喷头布置问题？

消防系统一般是按照防火分区来设置的，而战时的给水排水系统是按照防护单元来设置。自动喷水灭火系统设置需满足平时的消防设计要求，喷头按防火分区布置，如防火分区和防护单元不一致，防火分区跨越了防护单元，喷头应布置至防火卷帘或防火门处，对穿越人防墙体处的自动喷水灭火系统管线加设套管及防护阀门即可。

220.平战结合电站或仅战时使用的电站消防如何设计？电站控制室的消防又如何设计？

仅战时使用的电站不需要考虑消防设计。平战结合的电站应考虑消防设计。平时使用的电站消防，可借用车库内消防管网设置自动喷水灭火系统，但要考虑消防排水。也可采用气体灭火系统，若采用气体灭火系统，要考虑泄压口的设置。电站控制室可采用气体灭火系统。

221.高层建筑防空地下室车库连接非人防区域的通道处，是否需要布置喷头？

消防设计必须要满足平时的要求，通道只要平时使用，就有发生火灾的可能，按规范要求就必须布置喷头，且应布置至防火门处。管道穿越人防墙体处设置了套管及阀门，就可以保证工程的密闭，满足战时防护要求。所以防空地下室车库连接非人防区域的通道处需要布置喷头。

222. 审查中遇到一些工程在口部的密闭通道（平时做疏散用）内设置了消防管，是否合适？

平时管道应避免穿过人防密闭通道，如必须穿过，应采取相应的防护密闭措施。按照平时消防自喷规范要求，人防密闭通道（平时做疏散用）应设置自动喷水灭火系统，但需在防护区内按规范要求设置防护阀，并标注此阀平时打开，战时关闭。

223. 减压孔板孔径有最大要求吗？

减压孔板一般用于自喷系统的减压。《自动喷水灭火系统设计规范》GB 50084—2017第 9.3.1 条："减压孔板应符合下列规定：①应设在直径不小于 50mm 的水平直管段上，前后管段的长度均不宜小于该管段直径的 5 倍；②孔口直径不应小于设置管段直径的 30%，且不应小于 20mm；③应采用不锈钢板材制作。"规范中未明确孔径的最大值。

减压孔板只能减动压，不能减静压。减压孔板是为克服几何高差、水头损失等因素造成喷淋系统的不均匀性而设置，其孔板后压力值随孔板前压力和流量而变化，当孔板直径为 80mm 时，减去的压力值与浮动的压力值在一个范围内，可以近似认为 80mm 是孔径的最大值，孔径再增大对于减压已无意义。

224. 对于单建式人防工程，依据《人民防空工程设计防火规范》GB 50098—2009 第 7.5 节，室外消火栓的供水如何保障？

人防工程分为单建式和附建（结建）式，附建式的人防工程，一般消防水池和泵房都由地上设计院负责设计，人防专业院只需要从地上院预留的管线接入即可，无需考虑工程内外的消防设施。

单建式人防工程，依据《人民防空工程设计防火规范》GB 50098—2009 第 7.5.1 条当人防工程内消防用水总量大于 10L/s 时，应在人防工程外设置水泵接合器，并应设置室外消火栓。人防工程设置室外消火栓只考虑火灾时作为向工程内消防管道临时加压的补水设施，基本无室外建筑的灭火任务，所以人防工程的消防用水总量里不包括室外消火栓用水量。《人民防空工程设计防火规范》GB 50098 规定室外消火栓的数量是依据室内消防水量确定的，要求设室外消火栓，又不贮存消防水量，这是不妥的。

实际设计中，单建的人防工程，往往功能都不是单一的，经常都有配套的车库，那么依据规范要求，车库是需要设置室外消防系统的，当然在市政条件好的地区，水压和水量都能满足的条件下，室外消火栓可以由市政管网直供；当市政条件不满足的情况下，需要设置室外消防供水设施，包括室外消防水池和消防水泵以及稳压设施，室外消防水池可以单独设置，也可以和室内消防水池合用。

225.贮存室外消防水的消防水池设置于人防区时，需要设置消防水池取水口，可以设置闸阀防护吗？

【问题补充】当贮存室外消防水的消防水池设置于人防区时，需要设置消防水池取水口，可以设置闸阀防护吗？如果可以，以下问题怎么解决：①管径 $DN400mm$ 的闸阀，怎么关闭。②闸阀的位置在水下 2m 左右，不方便人下去，怎么关闭。

将消防水池设在人防区，从室外引入一个管路埋地敷设，进入消防水池如图 7-1 所示。①这个管道不能暗设，应明设，结构加了一个管沟，管沟宽度应比管道及阀门大，且一侧预留 500 ~ 800mm 的人员操作空间。管沟的深度，以民用设计的管道为准。②在消防水池和人防清洁区管沟之间人防墙上、人防清洁区管沟和室外之间人防墙上均应分别设置防护套管，且应在人防清洁区侧设置防护阀门。③管沟的上部预留盖板，方便通行车辆，这部分由土建专业设计。

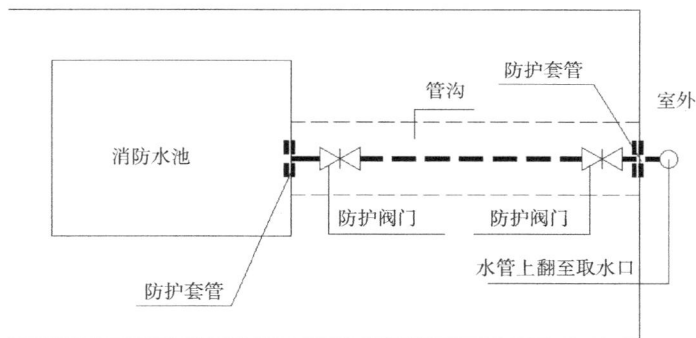

图 7-1　消防水池取水口安装示意图

这是一种权宜之计，如果民用建筑设计院需要设这个取水管，那么方案阶段建议消防水池可以直接从顶板取水或贴外墙，直接走侧墙穿入覆土，接室外取水口，不要经过人防清洁区。需要前期方案阶段，民用建筑设计院提出此类问题，如果是到图纸会审时才发现，后期再补技术核定单。

根据《消防给水及消火栓系统技术规范》GB 50974—2014 第 4.3.7 条："贮存室外消防用水的消防水池或供消防车取水的消防水池，应符合下列规定：消防水池应设置取水口（井），且吸水高度不应大于 6m；取水口（井）与建筑物（水泵房除外）的距离不宜小于 15m"。取水口（井）的做法可参考图集 15S909 第 24 页消防水池取水口（井）的做法。此种做法是把消防水池、消防泵房作为非人防区来考虑的。

如果消防水池作为人防区，水池外墙作为临空墙时（按消防水池靠外墙考虑），需在水池内侧设置防护阀门。此时如果设置取水口，非取水井，水池的连通管一般为 $DN400$、$DN600$，相应的防护阀门尺寸也比较大，预埋的套管也需要外加防护挡板。建议采用取水井，水池的连通管可减小为 $DN200$。但阀门同样不方便关闭，且阀门长期浸泡在水中，容易锈蚀。这种做法不建议采用。

以下 3 种方法供参考：

①消防水池顶板直接设置取水口供消防车取水，战前取水口采用封堵的形式（需征得当地人防主管部门同意）。

②取水井的连通管从同一个防护单元的消防泵房接入，防护阀门设置在消防泵房内，方便战前阀门关闭。

③直接设置在非人防区。

226. 防空地下室柴油发电机房消防设计如何取水？

【问题补充】关于人防工程柴油发电机房消防设计有两个问题想要请教一下。①可不可以从平时的消防水池取水（和消防水池在不在人防区有关系吗）？②消防系统是否需要考虑平时使用，临战安装还是平时安装到位？

①人防工程战时不考虑消防，如防排烟、消火栓、自动喷水、自动报警等，而被动防火，在前期定方案时应做考虑，尽可能结合民用的防火单元设置，减少跨越。所以战时柴油发电机房不需要消防水，也不存在从平时消防水池取水的情况。战时考虑设置灭火器即可。

②消防系统一般仅考虑平时使用，按民用要求设计施工即可，平时安装到位，临战阀门转换关闭消防系统。

227. 建筑专业未在口部设置防火门，关于自动喷水灭火系统设置的范围请给予明确的指示。

如果此口部通道同时作为平时消防疏散通道，则应设置自动喷水灭火系统；若仅作为人防口部，平时不使用，则不必设置自动喷水灭火系统。平战合用防空地下室从消防的角度来说，人防口部应该设置防火门与其他部分进行防火分隔，否则防火分区不清。作为给水排水专业来说，应以建筑专业划分的防火分区为准。

228. 防空地下室口部是否需要设置消防设施？

防空地下室范围内是否需要设置消防系统应根据《人民防空工程设计防火规范》GB 50098—2009、《建筑设计防火规范》（2018 年版）GB 50016—2014 及《汽车库、修车库、停车场设计防火规范》GB 50067—2014 的相关要求确定。口部只是工程内部相关功能房间，应与工程整体的消防设施设置情况对应。若工程内设置有消火栓系统，则口部仍应满足消火栓系统的水柱覆盖数量要求，工程内部消火栓布置时应考虑口部范围的有效覆盖。若工程内设置有自动喷水灭火系统，因口部功能房间面积较小且封闭，则按规范要求对设置在口部的机房及平时需要使用的消防通道做自动喷水灭火系统保护即可。

229. 七氟丙烷气体灭火系统一定要设置泄压口吗？

《气体灭火系统设计规范》GB 50370—2005 第 3.2.7 条："防护区应设置泄压口，七氟丙烷灭火系统的泄压口应位于防护区净高的 2/3 以上。"此条为强条，七氟丙烷灭火系统一定要设置泄压口。对于人防指挥工程的屏蔽房间，有时候不便也没有地方设置泄压口，可以在屏蔽房间外通往工程通道的墙体上设置泄压口。

230. 有审图机构人员要求，在防空地下室发电机房及贮油间内设置自动喷水灭火系统，是否合理？

审图机构人员要求在发电机房及贮油间内设置自动喷水灭火系统，主要是依据《建筑设计防火规范》（2018 年版）GB 50016—2014 中第 5.4.13-6 款：布置在民用建筑内的柴油发电机房应设置与柴油发电机容量和建筑规模相适应的灭火设施，当建筑内其他部位设置自动喷水灭火系统时，机房内应设置自动喷水灭火系统。

防空地下室内的柴油电站和普通民用建筑的柴油电站是有区别的。防空地下室内的柴油电站战时才启用，平时电站内即无发电机组，贮油箱内也没有柴油，基本上没有可燃物，也不存在火灾隐患，属于关闭不使用的状态；只是在临战转换时限内完成发电机组的安装及油箱的贮油，同时穿越人防区域的消防管线上设置的防护阀门在战前关闭。如果设置了自动喷水灭火系统，基本上就是平时无火可灭，战时无水可用的状况。所以人防工程的柴油电站内不宜设置自动喷水灭火系统。

第 8 章
平战转换

231. 安徽省的皖人防〔2016〕131 号文要求不得预留防护功能平战转换功能，江苏省的苏防〔2018〕70 号文，一、二等医疗救护工程不得预留平战转换功能，是否要求过高？

《人民防空地下室设计规范》GB 50038—2005 第 6.6.2 条规定："二等人员掩蔽所内的贮水池（箱）及增压设备，当平时不使用时，可在临战时构筑和安装。但必须一次完成施工图设计，并应注明在工程施工时的预留孔洞和预埋好进水、排水等管道的接口，且应设有明显标志。还应有可靠的技术措施，保证能在 15 天转换时限内施工完毕"。第 6.6.3 条："平时不使用的淋浴器和加热设备可暂不安装，但应预留管道接口和固定设备用的预埋件"。

国家规范是最低要求，各地人防主管部门在平战转换上可以提自己的具体要求，但不能低于国家规范的要求。目前有的省市要求二等人员掩蔽工程的战时水箱及增压供水设备平时应安装到位。安徽省、江苏省这两个文件的标准，都高于国家规范，是正确的，设计时需按工程建设地的属地要求执行。

232. 人防医疗工程内水冲厕所是否应该在平时安装到位？

《人民防空医疗救护工程设计标准》RFJ 005—2011 第 3.8.3 条：平战结合的人防医疗工程中的下列各项，应在工程施工、安装时一次完成，不得实施转换：其中包括战时使用的给水引入管、排水出户管和防爆地漏等；手术室、卫生间、盥洗室、洗涤室等房间的固定设备。水冲厕所属于卫生间的固定设备，所以平时应安装到位。

233. 平战结合的防空地下室中，给水排水专业必须在工程施工、安装时一次完成的有哪些？

依据《人民防空地下室设计规范》GB 50038—2005 给水排水专业必须在工程施工、安装时一次完成的设施设备：

①第 3.7.2 条："战时使用的给水引入管、排水出户管和防爆地漏。"

②第 6.6.2 ~ 6.6.3 条预留孔洞、预留管道接口及预埋件。

③除二等人员掩蔽所以外的贮水池（箱）及增压设备（可参见《防空地下室给排水设计示例》09FS01 及工程设计说明平战转换篇）。

234. 对于多层防空地下室，当防空地下室未设在最下层时，对防空地下室以下各层采取何种临战转换措施？

参见《人民防空地下室设计规范》GB 50038—2005 第 4.8.12 条及条文说明："对多层地下室结构，当防空地下室未设在最下层时，宜在临战时对防空地下室以下各层采取临战封堵转换措施，确保空气冲击波不进入防空地下室以下各层。此时防空地下室顶板和防空地下室及其以下各层的内、外墙、柱以及最下层底板均应考虑核武器爆炸动荷载作用，防空地下室底板可不考虑核武器爆炸动荷载作用，按平时使用荷载计算，但该底板混凝土折算厚度应不小于 200mm，配筋应符合本规范第 4.11 节规定的构造要求。"

235. 战时转入隔绝防护状态时，污水泵排出管上的防护阀门如何实施关闭转换？

（1）平战转换时，这些阀门均应关闭。根据战时具体使用情况，由管理人员适时打开相关防护阀门，使用完成后即行关闭。

（2）因使用成本较高且技术条件不是很成熟，即使在平时给水排水系统中，也仅推荐在管径大于 DN300 时使用电动阀门，战时排水管道上的防护阀门一般管径都不大于 DN100，防护阀门不强制要求使用电动阀门。

（3）为便于识别防护阀门的开、关状态，建议采用明杆闸阀等具有明显启闭标志的阀门，以利于管理，减少误操作。

236. 考虑平战转换的要求，我们一般设置水箱基础为砖砌基础，经常被审图机构人员提出要求为混凝土基础，但是混凝土基础需要平时砌筑到位，这种布置方法比较占地方，请问砖砌基础是否可以作为水箱基础？

根据国家标准图集《矩形水箱》12S101 中的要求，水箱基础可采用混凝土、钢筋混凝土梁、油浸防腐处理的硬质方木等能满足承重要求的材料。由于防空地下室中水箱多数情况均为临战安装，根据《人民防空地下室设计规范》GB 50038—2005 第 6.6.2 条：临战安装的水箱转换时间仅为 15 天，因此采用混凝土基础实现临战转换并不实际。采用砖砌基础可以提高临战转换的效率及可操作性，是一种可行的方法。由于平战转换的要求是需要控制临战转换的工作量，还可采用 H 型钢或者硬质方木作为战时水箱的基础，具体做法如图 8-1 所示。

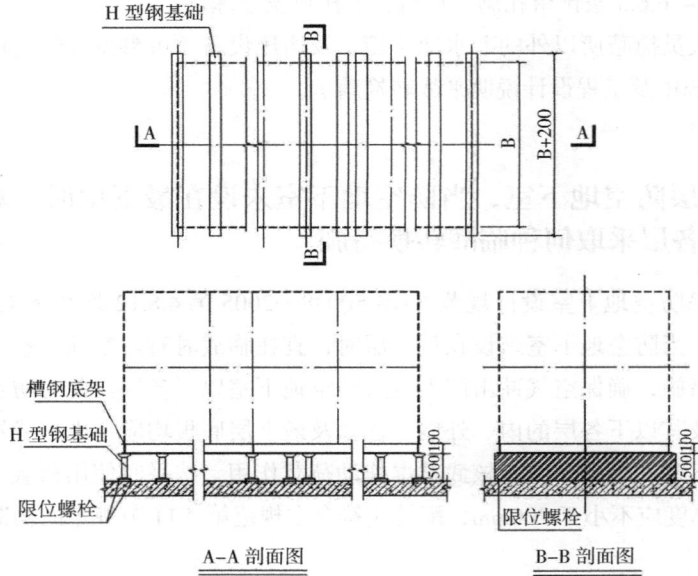

图 8-1　水箱基础平面图

237. 手摇泵或移动排水泵平时应购置到位，有具体的配备标准吗？

当设有移动电站或固定电站时，无需配置手摇泵。移动排水泵一用一备即可。无电站时，因牵扯到固定安装，应在各洗消集水池处单独设置手摇泵。

238. 二等人员掩蔽工程规范规定战时水箱和增压设备可以临战前安装，其他给水排水设施、供油设施是否均应安装到位？

《人民防空地下室设计规范》GB 50038—2005 第 6.6.2 条："二等人员掩蔽工程内的贮水池（箱）及增压设备，当平时不使用时，可在临战时构筑和安装"。战时水箱和增压设备临战安装满足规范要求，是最低要求，还需满足当地的平战转换要求。

《人民防空地下室设计规范》GB 50038—2005 第 7.7.8-2 条："甲类防空地下室的救护站、防空专业队工程、人员掩蔽工程、配套工程的柴油电站中除柴油发电机组平时可不安装外，其他附属设备及管线均应安装到位"。对于甲类的二等人员掩蔽工程，电站内的给水排水管线均应安装到位。乙类二等人员掩蔽工程根据 7.7.8-3 条电站内的给水排水管线可不安装，具体还要看当地的平战转换规定。

239. 防爆波油管接头井为钢筋混凝土结构，没有明确平时一次到位的要求，战时很难实现转换，有无相关条文解决此问题？

《人民防空工程防护功能平战转换设计标准》RFJ 1—1998 中 2.0.3 条要求：平战结合人防工程的下列各项应在施工、安装时一次完成：

①采用钢筋混凝土或混凝土浇筑的部位。防爆波油管接头井为钢筋混凝土结构，所以不能临战转换；

②《人民防空地下室设计规范》GB 50038—2005 7.7.8-2 条：甲类防空地下室的救护站、防空专业队、人员掩蔽工程、配套工程的柴油电站中除柴油发电机组平时可不安装外，其他附属设备及管线均应安装到位。

240. 结合平时机械车库设置的防空地下室，战时是否考虑拆除机械停车设备？

设置战时水箱、干厕等部位的机械停车设备临战需拆除，其余机械停车设备宜根据战时功能确定。如果条件允许，战时水箱、干厕等应尽量布置在非停车区域，尽量减少平战转换工作量。

附　录

　　人防工程标准、规范、图集、政策法规、技术文件等资料是人防工程设计、施工、验收和维护管理的依据，收集、整理一个目录很有意义。尤其是人防工程有许多地方性规范、规定或政策不为外人熟知，经常因此产生错误。为开阔视野，我们也希望收集、整理部分国外防护工程设计标准等资料，目前只暂列了美国的资料。

　　收集、整理资料当然是越齐全越准确越好，但因为承担收集和整理任务的人员受业务范围和精力等所限，各地完成情况不一，有的较齐全，但有的较简略，有的详细标出了来源和是否仍有效等信息，但有的只是简单列出。由于时间和水平等原因，丛书出版之前难以使之更加完善。本着抛砖引玉的想法，我们将收集的资料列出，仅供参考。资料汇总目录将在"人防问答"网上持续更新，欢迎读者登录该网积极提供并反馈信息。

全国通用人防工程资料目录
（安国伟整理）

一、设计

（一）标准规范

1.《人民防空工程供电标准》RFJ 3—1991

2.《人民防空工程基本术语》RFJ 1—1991

3.《人民防空工程照明设计标准》RFJ 1—1996

4.《人民防空地下室设计规范》GB 50038—2005

5.《人民防空工程设计防火规范》GB 50098—2009

6.《地下工程防水技术规范》GB 50108—2008

7.《轨道交通工程人民防空设计规范》RFJ 02—2009

8.《人民防空工程防化设计规范》RFJ 013—2010

9.《人民防空医疗救护工程设计标准》RFJ 005—2011

10.《城市居住区人民防空工程规划规范》GB 50808—2013

11.《汽车库、修车库、停车场设计防火规范》GB 50067—2014

（二）标准图集

1.《塑料模壳钢筋混凝土双向密肋板通用图集》91RFMLB

2.《人民防空地下室设计规范》图示—建筑专业 05SFJ10

3.《人民防空地下室设计规范》图示—给水排水专业 05SFS10

4.《人民防空地下室设计规范》图示—通风专业 05SFK10

5.《人民防空地下室设计规范》图示—电气专业 05SFD10

6.《防空地下室室外出入口部钢结构装配式防倒塌棚架结构设计》05SFG04

7.《防空地下室室外出入口部钢结构装配式防倒塌棚架建筑设计》05SFJ05

8.《防空地下室室外出入口部钢结构装配式防倒塌棚架 建筑、结构（设计、加工）合订本》05SFJ05、05SFG04

9.《人防工程防护设备图集》RFJ 01—2005

10.《防空地下室建筑设计示例》07FJ01

11.《防空地下室建筑构造》07FJ02

12.《防空地下室防护设备选用》07FJ03

13.《防空地下室移动柴油电站》07FJ05

14.《防空地下室设计荷载及结构构造》07FG01

15.《钢筋混凝土防倒塌棚架》07FG02

16.《防空地下室板式钢筋混凝土楼梯》07FG03

17.《钢筋混凝土门框墙》07FG04

18.《钢筋混凝土通风采光窗井》07FG05

19.《防空地下室给排水设施安装》07FS02

20.《防空地下室通风设计示例》07FK01

21.《防空地下室通风设备安装》07FK02

22.《防空地下室电气设计示例》07FD01

23.《防空地下室电气设备安装》07FD02

24.《防空地下室建筑设计（2007 年合订本）》FJ01~03

25.《防空地下室结构设计（2007 年合订本）》FG01~05

26.《防空地下室通风设计（2007 年合订本）》FK01~02

27.《防空地下室电气设计（2007 年合订本）》FD01~02

28.《防空地下室固定柴油电站》08FJ04

29.《防空地下室施工图设计深度要求及图样》08FJ06

30.《人民防空工程防护设备选用图集》RFJ 01—2008

31.《防空地下室给排水设计示例》09FS01

32.《人防工程设计大样图》RFJ 05—2009

33.《城市轨道交通人防工程口部防护设计》11SFJ07

34.《人民防空工程复合材料（玻璃纤维增强塑料）轻质人防门选用图集》RFJ 003—2013

35.《人民防空工程复合材料轻质人防门选用图集》RFJ 002—2016

36.《人民防空工程复合材料（连续玄武岩纤维）人防门选用图集》RFJ 002—2018

（三）政策法规

1.《中华人民共和国人民防空法》（2009 修正），全国人大常委会，1997 年 1 月 1 日施行

2.《关于规范防空地下室易地建设收费的规定》（计价格〔2000〕474 号），国家国防动员委员会等，2000 年 4 月 27 日施行

3.《人民防空工程建设监理暂行规定》（〔2001〕国人防办字第 7 号），国家人民防空办公室，2001 年 3 月 1 日起施行

4.《人民防空工程平时开发利用管理办法》（〔2001〕国人防办字第 211 号），国家人民防空办公室，2001 年 11 月 1 日起施行

5.《人民防空工程建设管理规定》（国人防办字〔2003〕第 18 号），国家国防动员委员会等，2003 年 2 月 21 日发布施行

6.《人民防空工程设计管理规定》（国人防〔2009〕280 号），国家人民防空办公室，2009 年 7 月 20 日施行

7.《人民防空工程施工图设计文件审查管理办法》（国人防〔2009〕282 号），国家人民防空办公室，2009 年 7 月 20 日施行

8.《关于全国人防系统统一采用卫星通信信道和传输设备有关问题的通知》（国人防〔2009〕285 号）

（四）技术文件

1.《全国民用建筑工程设计技术措施—防空地下室》2009JSCS—6

2.《平战结合人民防空工程设计指南》2014SJZN—PZJH

3.《防空地下室结构设计手册》RFJ 04—2015（共 4 册）

二、施工与验收

1.《人民防空工程施工及验收规范》GB 50134—2004

2.《地下防水工程质量验收规范》GB 50208—2011

3.《人民防空工程质量验收与评价标准》RFJ 01—2015

三、产品

1.《人民防空工程防护设备产品质量检验与施工验收标准》RFJ 01—2002

2.《人民防空工程防护设备试验测试与质量检测标准》RFJ 04—2009

3.《人民防空工程复合材料防护密闭门、密闭门标准》RFJ 001—2016

4.《人民防空工程复合材料（连续玄武岩纤维）防护密闭门、密闭门质量检测标准》RFJ 001—2018

5.《RFP 型人防过滤吸收器制造与验收规范（暂行）》RFJ 006—2021

6.《人民防空工程复合材料（玻璃纤维增强塑料）防护设备质量检测标准（暂行）》RFJ 004—2021

7.《人防工程防护设备产品与安装质量检测标准（暂行）》RFJ 003—2021

四、造价定额

1.《人防工程概算定额》（2007）国家人民防空办公室

2.《人防工程工期定额》（2007）国家人民防空办公室

3.《人民防空工程建设造价管理办法》（国人防〔2010〕287 号），国家人民防空办公室

4.《人民防空工程防护（化）设备信息价管理办法》（国人防〔2010〕291 号），国家人民防空办公室

5.《人民防空工程投资估算编制规程》RF/T 005—2012

6.《人民防空工程估算指标》，国家人防防空办公室，2012 年 6 月 18 日实施

7.《人民防空工程预算定额》共分四册：第一册掘开式工程 HDY99—01—2013；第二册坑地道式工程 HDY99—02—2013；第三册安装工程 HDY99—03—2013；第四册附录，国家人民防空办公室，2013 年 10 月 29 日实施

8.《人民防空工程工程量清单计价规范》RFJ 02—2015

9.《人民防空工程工程量计算规范》RFJ 03—2015

10.《关于实施建筑业"营改增"后人防工程计价依据调整的通知》（防定字〔2016〕20 号），国家人防工程标准定额站，2016 年 5 月 1 日执行

五、维护管理

1.《人防工程平时使用环境卫生要求》GB/T 17216—2012

2.《人民防空工程设备设施标志和着色标准》RFJ 01—2014

3.《人民防空工程维护管理技术规程》RFJ 05—2015

六、其他

国家人民防空办公室与中央电视台 7 频道《和平年代》栏目联合拍摄 10 集大型人防电视纪录片《我身边的人防——人民防空创新发展纪实》

北京市人防工程资料目录
（卫军锋整理）

一、标准规范

1.《防空地下室通风图》（通风部分 内部试用）FJT—2003

2.《人防工程防护设备优选图集》华北标 BJ 系统图集 14BJ15—1

3.《北京市人民防空工程平时使用设计要点（试行）》（京人防办发〔2019〕35 号附件），2019 年 3 月 25 日印发

4.《平战结合人民防空工程设计规范》DB11/ 994—2021

二、政策法规

1.《北京市人民防空工程建设与使用管理规定》（北京市人民政府令第 1 号），1998 年 5 月 1 日实施

2.《北京市人民防空条例》，北京市第十一届人大常委会第 33 次会议通过，2002年 5 月 1 日实施

3. 关于印发《北京市民防规范行政处罚自由裁量权行使规定》和《北京市民防规范行政处罚自由裁量权细化标准（试行）》的通知，北京市民防局，2010 年 11 月29 日施行

4. 关于《关于落实中小学校舍安全工程有关人防工程建设政策的通知》的备案报告（京民防规备字〔2011〕9 号），北京市民防局、北京市教育委员会，2011 年 3月 5 日施行

5. 关于印发《北京市民防行政处罚规程》的通知（京民防发〔2013〕142 号），北京市民防局，2013 年 9 月 22 日施行

6. 关于印发《北京市民防行政处罚信息归集制度（试行）》的通知（京民防发〔2014〕92 号），北京市民防局，2014 年 9 月 4 日施行

7. 关于《北京市人民防空工程建设审批档案管理办法》的备案报告（京民防规备字〔2015〕1 号），北京市民防局，2015 年 1 月 26 日施行

8. 关于印发《北京市固定资产投资项目结合修建人民防空工程审批流程（试行）》的通知（京民防发〔2015〕11 号），北京市民防局，2015 年 3 月 1 日起试行

9. 关于印发《北京市民防行政处罚裁量基准》的通知（京民防发〔2015〕85 号），北京市民防局，2015 年 11 月 25 日施行

10. 关于修订《结合建设项目配建人防工程面积指标计算规则（试行）》并继续试行的通知（京民防发〔2016〕47 号），北京市民防局，2016 年 6 月 28 日施行

11.《关于细化北京市防空地下室易地建设条件的通知》（京民防发〔2016〕54 号），北京市民防局，2016 年 6 月 30 日施行

12. 关于印发《结合建设项目配建人防工程战时功能设置规则（试行）》的通知（京民防发〔2016〕83 号），北京市民防局，2016 年 11 月 14 日施行

13.《关于加强社区防空和防灾减灾规范化建设的意见》（京民防发〔2016〕91 号），北京市民防局，2016 年 12 月 2 日施行

14.《关于进一步加强中小学防空防灾教育的实施意见》（京民防发〔2016〕96 号），北京市民防局，2016 年 12 月 29 日施行

15.《关于城市地下综合管廊兼顾人民防空需要的通知（暂行）》（京民防发〔2017〕73 号），北京市民防局，2017 年 7 月 18 日施行

16.《关于清理规范人防工程改造施工图设计文件专项审查中介服务事项的通知》（京民防发〔2017〕100 号），北京市民防局，2017 年 10 月 31 日施行

17.《关于废止部分行政规范性文件的通知》（京民防发〔2017〕123 号），北京市民防局，2017 年 12 月 22 日施行

18. 关于进一步优化《北京市固定资产投资项目结合修建人民防空工程审批流程》的通知（京民防发〔2017〕120 号），北京市民防局，2017 年 12 月 25 日施行

19.《关于进一步优化营商环境深化建设项目行政审批流程改革的意见》（市规

划国土发〔2018〕69 号），北京市规划和国土资源管理委员会，2018 年 3 月 7 日施行

20. 关于印发《北京市人民防空工程和普通地下室规划用途变更管理规定》的通知（京民防发〔2018〕78 号），北京市民防局，2018 年 8 月 21 日施行

21. 关于印发《"人民防空工程监理乙级、丙级资质许可"告知承诺暂行办法》的通知（京人防发〔2018〕3 号），北京市人民防空办公室，2018 年 11 月 8 日施行

22. 关于印发《"人民防空工程设计乙级资质许可"告知承诺暂行办法》的通知（京人防发〔2018〕2 号），北京市人民防空办公室，2018 年 11 月 8 日施行

23. 《关于废止部分工程建设审批领域行政规范性文件的通知》（京人防发〔2018〕7 号），北京市人民防空办公室，2018 年 11 月 16 日施行

24. 印发《关于优化新建社会投资简易低风险工程建设项目审批服务的若干规定》的通知（京政办发〔2019〕10 号），北京市人民政府办公厅，2019 年 4 月 28 日施行

25. 关于印发《北京市人民防空办公室关于建立人民防空行业市场责任主体守信激励和失信惩戒制度的实施办法（试行）》的通知（京人防发〔2019〕72 号），北京市人民防空办公室，2019 年 5 月 31 日施行

26. 关于印发《北京市防空地下室面积计算规则》的通知（京人防发〔2019〕69 号），北京市人民防空办公室，2019 年 6 月 3 日施行

27. 关于印发《北京市人民防空办公室行政规范性文件制定和管理办法》的通知（京人防发〔2019〕71 号），北京市人民防空办公室，2019 年 6 月 3 日施行

28. 关于印发《北京市防空地下室易地建设管理办法》的通知（京人防发〔2019〕79 号），北京市人民防空办公室，2019 年 8 月 1 日施行

29. 关于印发《平时使用人民防空工程批准流程》《人防工程拆除批准流程》《人防工程改造批准流程》《人民防空警报设施拆除批准流程》的通知（京人防发〔2019〕111 号），北京市人民防空办公室，2019 年 9 月 11 日施行

30. 《北京市人民防空办公室关于废止部分行政规范性文件的通知》（京人防发〔2019〕151 号），北京市人民防空办公室，2019 年 12 月 23 日施行

31. 《关于修改 20 部规范性文件部分条款的通知》（京人防发〔2019〕152 号），北京市人民防空办公室，2019 年 12 月 3 日施行

32. 《关于废止部分行政规范性文件的通知》（京人防发〔2020〕9 号），北京市人民防空办公室，2020 年 2 月 18 日施行

33. 关于印发《关于利用地下空间设置智能快件箱的指导意见》的通知（京人防发〔2020〕76 号），北京市人民防空办公室，2020 年 8 月 7 日施行

34. 关于印发《北京市人民防空办公室关于建立人民防空行业市场责任主体守信激励和失信惩戒制度的实施办法（试行）》的通知（京人防发〔2020〕86 号），北京市人民防空办公室，2020 年 11 月 1 日施行

35. 《北京市人民防空办公室关于规范结合建设项目新修建的人防工程抗力等级

的通知》（京人防发〔2020〕93号），北京市人民防空办公室，2020年11月30日施行

36. 北京市人民防空办公室关于印发《人民防空地下室设计方案规划布局指导性意见》的通知（京人防发〔2020〕105号），北京市人民防空办公室，2021年1月8日施行

37. 北京市人民防空办公室关于印发《结合建设项目配建人防工程面积指标计算规则（试行）》的通知（京人防发〔2020〕106号），北京市人民防空办公室，2021年1月15日施行

38. 北京市人民防空办公室关于印发《结合建设项目配建人防工程战时功能设置规则（试行）》的通知（京人防发〔2020〕107号），北京市人民防空办公室，2021年1月15日施行

39. 北京市人民防空办公室关于印发《北京市人民防空系统行政处罚裁量基准（2021年修订稿）》的通知（京人防发〔2021〕60号），北京市人民防空办公室，2021年6月11日施行

40. 北京市人民防空办公室关于印发《北京市人民防空系统行政违法行为分类目录（2021年修订稿）》的通知，北京市人民防空办公室，2021年6月11日施行

41. 北京市人民防空办公室关于印发《北京市人防行政处罚规程》的通知（京人防发〔2021〕63号），北京市人民防空办公室，2021年6月16日施行

42. 北京市人民防空办公室关于印发《北京市人防行政执法管理办法》的通知（京人防发〔2021〕62号），北京市人民防空办公室，2021年7月15日施行

43. 北京市人民防空办公室关于印发《北京市人防行政执法管理办法》的通知（京人防发〔2021〕62号），北京市人民防空办公室，2021年6月16日施行

44. 北京市人民防空办公室关于取消人民防空工程设计乙级及监理乙、丙级资质认定的通知（京人防发〔2021〕64号），北京市人民防空办公室，2021年7月2日施行

45. 北京市人民防空办公室 北京市住房和城乡建设委员会关于印发《新能源电动汽车充电设施在人防工程内安装使用指引》的通知（京人防发〔2021〕72号），北京市人民防空办公室，2021年8月5日施行

三、技术文件

1.《平战结合人民防空工程设计指南》，中国建筑标准设计研究院有限公司，张瑞龙、袁代光等，2014年5月

2.《北京市人民防空工程平时使用设计要点（试行）》，北京市建筑设计研究院有限公司，2019年3月25日施行

四、施工与验收

1. 关于印发《人防工程竣工验收备案管理办法》的通知，北京市民防局，2014年6月21日施行

2. 关于印发《北京市人民防空工程质量监督管理规定》的通知（京民防发

〔2015〕90号），北京市民防局，2015年12月9日施行

3. 关于印发《北京市城市基础设施人民防空防护工程建设管理暂行办法》的通知（京人防发〔2018〕22号），北京市人民防空办公室，2018年11月29日施行

4. 关于印发《北京市人民防空工程竣工验收办法》的通知（京人防发〔2019〕4号），北京市人民防空办公室，2019年1月21日施行

5. 关于印发《北京市人民防空工程质量监督管理规定》的通知（京人防发〔2019〕119号），北京市人民防空办公室，2019年10月12日施行

五、产品

1.《关于采用新型人防工程防化及防护设备产品的通知》，北京市民防局，2011年6月9日施行

2.《人民防空工程防护设备安装技术规程　第1部分：人防门》DB11/T 1078.1—2014，北京市民防局、原总参工程兵第四设计研究院，2014年10月1日施行

3.《关于做好北京市人防专用设备生产安装管理工作的意见》（京民防发〔2015〕28号），2015年5月1日实施

4. 关于印发《北京市人防工程防护设备质量检测实施细则》的通知（京民防发〔2015〕57号），北京市民防局，2015年7月19日施行

5. 关于印发《北京市人防工程专用设备销售合同备案管理办法》的通知（京民防发〔2016〕94号），北京市民防局，2017年1月11日施行

6.《关于清理规范人民防空工程竣工验收前人防设备质量检测中介服务事项的通知》（京民防发〔2017〕78号），北京市民防局，2017年8月3日施行

7. 关于转发国家人民防空办公室、国家认证认可监督管理委员会《关于规范人防工程防护设备检测机构资质认定工作的通知》（国人防〔2017〕271号）的通知（京民防发〔2018〕6号），北京市民防局，2018年2月6日施行

六、造价定额

《关于进一步落实养老和医疗机构减免行政事业性收费有关问题的通知》（京民防发〔2016〕43号），北京市民防局，2016年6月15日印发

七、维护管理

1. 关于印发《实施〈北京市房屋租赁管理若干规定〉细则》的通知（京民防发〔2008〕44号），北京市民防局，2008年3月18日施行

2. 关于修改《北京市人民防空工程和普通地下室安全使用管理办法》的决定（北京市人民政府令第236号），北京市人民政府，2011年7月5日施行

3.《北京市人民防空工程和普通地下室安全使用管理办法》（北京市人民政府令第277号），北京市人民政府办公厅，2018年2月12日施行

4. 关于印发《北京市地下空间使用负面清单》的通知（京人防发〔2019〕136号），北京市人民防空办公室，2019年10月28日施行

5. 关于印发《北京市人民防空工程平时使用行政许可办法》的通知（京人防发〔2019〕105号），北京市人民防空办公室，2019年10月1日施行

6. 关于印发《用于居住停车的防空地下室管理办法》的通知（京人防发〔2019〕57 号），北京市人民防空办公室，2019 年 4 月 30 日施行

7.《关于新型冠状病毒感染的肺炎疫情防控期间人防工程使用管理相关工作的通知》（京人防发〔2020〕7 号），北京市人民防空办公室，2020 年 2 月 6 日施行

8. 关于印发《北京市人防空工程内有限空间安全管理规定》的通知（京人防发〔2020〕48 号），北京市人民防空办公室，2020 年 5 月 5 日施行

9. 关于印发《北京市人民防空工程维护管理办法（试行）》的通知（京人防发〔2020〕81 号），北京市人民防空办公室，2020 年 8 月 31 日施行

八、其他

《北京市房屋建筑工程施工图多审合一技术审查要点（试行）》2018 年版

上海市人防工程资料目录

（周锋整理）

1.《上海市民防条例》（公报 2018 年第八号），上海市人民代表大会常务委员会，1999 年 8 月 1 日实施，2018 年 12 月 20 日修订

2.《上海市民防工程建设和使用管理办法》（上海市人民政府令第 30 号），2002 年 12 月 18 日上海市人民政府令第 129 号发布，2018 年 12 月 7 日修正并重新公布

3.《上海市民防工程平战转换若干技术规定》（沪民防〔2012〕32 号），上海市民防办公室，2012 年 6 月 1 日起实施

4.《上海市人民防空地下室施工图技术性专项审查指引（试行）》（沪民防〔2019〕7 号），上海市民防办公室，2019 年 1 月 14 日实施

5.《上海市民防工程维护管理技术规程》（沪民防〔2019〕82 号），上海市民防办公室，2020 年 1 月 1 日起施行

6.《上海市民防工程标识系统技术标准》DB 31MF/Z 002—2022，2022 年 6 月 30 日起施行

7.《上海市工程建设项目民防审批和监督管理规定》（沪民防规〔2020〕3 号），上海市民防办公室，2021 年 1 月 1 日起实施，有效期至 2025 年 12 月 31 日

8.《上海市民防建设工程人防门安装质量和安全管理规定》（沪民防规〔2021〕1 号），上海市民防办公室，2021 年 3 月 8 日起实施，有效期至 2026 年 3 月 7 日

9.《上海市民防工程使用备案管理实施细则》（沪民防规〔2021〕5 号），上海市民防办公室，2021 年 12 月 1 日起实施，有效期至 2026 年 11 月 30 日

10.《上海市城市地下综合管廊兼顾人民防空需要技术要求》DB 31MF/Z 002—2021，2021 年 12 月 1 日起施行

江苏省人防工程资料目录

（朱波、宋华成整理）

1. 省民防局关于《加强人防工程防护设备产品买卖合同管理》的通知（苏防〔2011〕8号），江苏省民防局，2011年2月24日起施行

2. 省民防局关于《采用新型防护设备产品》的通知（苏防〔2012〕32号），江苏省民防局，2012年8月1日施行

3. 《江苏省物业管理条例》，江苏省人民代表大会常务委员会，2013年5月1日起施行

4. 省民防局关于印发《江苏省民防工程防护设备设施质量检测管理实施细则（试行）》的通知（苏防规〔2013〕2号），江苏省民防局，2013年7月11日起施行

5. 省民防局关于印发《江苏省民防工程防护设备监督管理规定》的通知（苏防规〔2013〕1号），江苏省民防局，2013年9月1日起施行

6. 省民防局关于《统一全省人防工程防护设备标识设置》的通知（苏防〔2015〕28号），江苏省民防局，2015年6月3日起施行

7. 省民防局关于印发《江苏省人民防空工程项目审查办法》的通知（苏防〔2015〕52号），江苏省民防局，2015年9月6日起施行

8. 《省政府办公厅关于推动人防工程建设与城市地下空间开发融合发展的意见》（苏政办发〔2016〕72号），江苏省人民政府办公厅

9. 《江苏省政府办公厅关于加强人防工程维护管理工作的意见》（苏政办发〔2016〕111号），江苏省人民政府办公厅，2016年10月18日起施行

10. 《关于进一步明确人防工程建设质量监督有关问题的通知》（苏防〔2016〕79号），江苏省民防局，2016年12月5日起施行

11. 省民防局关于印发《江苏省防空地下室建设实施细则（试行）》的通知（苏防规〔2016〕1号），江苏省民防局，2017年1月1日起施行

12. 《省民防局关于全面开展人防工程防护设备质量检测工作的通知》（苏防〔2018〕13号），江苏省民防局，2018年2月26日起施行

13. 《江苏省城乡规划条例》，江苏省人民代表大会常务委员会，2018年3月28日起施行

14. 《人民防空食品药品储备供应站设计规范》DB32/T 3399—2018，江苏省质量技术监督局，2018年5月10日发布，2018年6月10日起实施

15. 《江苏省人民防空工程维护管理实施细则》，江苏省人民政府，2018年10月24日起施行

16. 关于印发《江苏省人民防空工程标识技术规定》的通知（苏防〔2018〕71号），江苏省人民防空办公室

17. 《江苏省人防工程竣工验收备案管理办法》（苏防〔2018〕81号），江苏省人民防空办公室，2018年12月29日起施行

18. 省人防办关于印发《江苏省人民防空工程建设平战转换技术管理规定》的通知（苏防〔2018〕70号），江苏省人民防空办公室，2019年1月1日起施行

19. 省人防办关于印发《江苏省人防工程建设领域信用管理暂行办法（试行）》的通知（苏防〔2019〕82号），江苏省人民防空办公室，2019年10月20日起施行

20.《江苏省人民防空工程质量监督管理办法》（苏防规〔2019〕1号），江苏省人民防空办公室，2019年10月20日起施行

21.《江苏省防空地下室易地建设审批管理办法》（苏防〔2019〕106号），江苏省人民防空办公室，2019年11月20日发布，2020年1月1日起执行

22.《江苏省人民防空工程建设使用规定》，江苏省人民政府，2020年1月1日起施行

23. 省人防办关于印发《江苏省人民防空工程面积测绘指南（试行）》的通知（苏防〔2020〕58号），江苏省人民防空办公室，2020年11月12日起施行

24. 省人防办关于印发《江苏省人民防空工程监理管理办法》的通知（苏防规〔2021〕1号），江苏省人民防空办公室，2021年5月15日起施行

25. 江苏省实施《中华人民共和国人民防空法》办法，江苏省人民代表大会常务委员会，2021年11月2日起施行

安徽省人防工程资料目录
（王为忠整理）

一、现行规范性文件

1.《安徽省人民政府关于依法加强人民防空工作的意见》（皖政〔2017〕2号），人防办，2017年8月30日起施行

2. 安徽省实施《中华人民共和国人民防空法》办法，1998年8月15日安徽省第九届人民代表大会常务委员会第五次会议通过，1999年10月15日第一次修正，2006年10月21日第二次修正，2020年9月29日修订

3.《安徽省实施〈中华人民共和国人民防空法〉办法》释义

4. 安徽省人防办、省发展改革委、省国土资源厅、省住房和城乡建设厅、省工商监督管理局、省政府金融办、中国人民银行合肥中心支行《关于建立房地产企业使用人防工程信用承诺制度的通知》（皖人防〔2018〕122号），太湖县住房和城乡建设局，2020年11月16日发布

5.《安徽省住房和城乡建设厅、安徽省人民防空办公室关于加强城市地下空间暨人防工程综合利用规划管理》（建规〔2015〕289号），安徽省住房和城乡建设厅，安徽省人民防空办公室，2015年12月10日发布

6.《安徽省民用建筑防空地下室建设审批改革实施意见》（皖人防〔2020〕2号），安徽省人民防空办公室综合处，2020年5月8日发布

7.《安徽省人民防空办公室 安徽省财政厅关于加强人防工程易地建设工作的通

知》（皖人防〔2019〕94号），安徽省人民防空办公室、安徽省财政厅，2019年12月16日发布

8.《安徽省人民防空办公室关于明确防空地下室易地建设面积指标的通知》（皖人防〔2020〕16号），安徽省人民防空办公室，2020年3月12日发布

9.《关于进一步优化施工许可和竣工验收阶段有关事项办理流程的通知》（建市〔2020〕26号），安徽省住房城乡建设厅、安徽省人防办，2020年4月15日发布

10.《关于进一步规范防空地下室易地建设费减免有关事项的通知》（皖人防〔2020〕60号），安徽省人民防空办公室工程处，2020年7月13日发布

11.安徽省人民防空办公室关于印发《安徽省防空地下室易地建设审批管理办法》的通知（皖人防〔2020〕62号），安徽省人民防空办公室工程处，2020年7月13日发布

12.安徽省人民防空办公室关于印发《安徽省人民防空工程质量监督管理办法》的通知（皖人防〔2020〕63号），安徽省人民防空办公室，2020年12月3日发布

13.《安徽省人防工程质量监督实施细则》（皖人防〔2020〕40号），安徽省人民防空办公室，2020年5月11日发布

14.《关于进一步加强城市住宅小区防空地下室维护管理的通知》（皖人防〔2018〕160号），安徽省人防办、省住房和城乡建设厅，2018年11月12日发布

15.《安徽省人民防空办公室关于人防工程平战功能转换要求的通知》（皖人防〔2016〕131号），安徽省人民防空办公室，2017年1月1日发布

16.《安徽省人民防空办公室关于印发〈安徽省人民防空工程标识技术规定〉的通知》（皖人防〔2020〕66号），安徽省人民防空办公室，2016年9月23日发布

17.《安徽省人民防空办公室关于进一步明确人防工程专用设备和生产安装企业资质要求的通知》（皖人防〔2019〕5号），安徽省人民防空办公室，2019年1月14日发布

18.《安徽省人民防空办公室关于省外人防从业企业入皖备案实行告知承诺制管理有关事项的通知》（皖人防综〔2019〕22号），安徽省人民防空办公室，2018年11月12日发布

19.《安徽省人民防空办公室关于印发〈安徽省人防工程防护质量检测管理办法〉的通知》（皖人防〔2020〕72号），安徽省人民防空办公室，2020年9月4日发布

20.《安徽省人民防空办公室关于规范人防工程防护设备检测合格证发放的通知》（皖人防综〔2018〕87号），安徽省人民防空办公室，2018年11月12日发布

21.《安徽省人民防空办公室　安徽省财政厅关于加强人防工程易地建设工作的通知》（皖人防〔2019〕38号），滁州市人民防空办公室，2019年5月22日发布

22.《安徽省人民防空办公室关于优化人防工程防护防化设备市场营造公平竞争市场环境的指导意见》（皖人防〔2020〕73号），安徽省人民防空办公室，2020年9月14日发布

23.安徽省人民防空办公室关于颁布实施《安徽省人防工程费用定额》的通知（皖

人防〔2020〕74号），安徽省人民防空办公室，2020年9月4日发布

24. 安徽省人民防空办公室关于印发《审批建设防空地下室有关问题的指导意见（试行）》的通知（皖人防〔2021〕32号），安徽省人民防空办公室综合处，2021年8月27日发布

25. 关于印发《安徽省人防工程建设企业从业信用状况分类管理办法（试行）》的通知（皖人防〔2022〕13号），安徽省人民防空办公室法规宣传处，2022年6月24日发布

26. 安徽省人民防空办公室关于印发《安徽省人防工程建设企业从业信用状况分类评分规则》的通知（皖人防〔2022〕14号），安徽省安庆市人防办，2022年6月28日发布

二、废止的规范性文件

1.《安徽省人民防空办公室关于实行人防工程设计及施工图审查单位资质备案管理的通知》（皖人防办〔2012〕18号），废止时间2020年5月12日

2.《安徽省人民防空关于办公室关于进一步加强人防工程设计及施工图审查管理工作的通知》（皖人防办〔2012〕61号），废止时间2020年5月12日

3.《安徽省人民防空办公室关于印发人防示范工程建设基本要求的通知》（皖人防办〔2012〕53号），废止时间2020年5月12日

4.《安徽省人民防空办公室关于广德县人防工程质量监督工作实行代管的通知》（皖人防办〔2012〕73号），废止时间2020年5月12日

5.《安徽省人民防空办公室关于宿松县人防工程质量监督工作实行代管的通知》（皖人防办〔2012〕74号），废止时间2020年5月12日

6.《安徽省人民防空办公室关于开展人防工程乙级监理资质申报工作的通知》（皖人防办〔2012〕111号），废止时间2020年5月12日；执行《安徽省人民防空办公室关于印发"证照分离"改革事项优化审批和强化监管具体措施的通知》（皖人防综〔2018〕88号），安徽省人民防空办公室，2018年11月19日发布

7. 安徽省人民防空办公室关于印发《安徽省人民防空工程建设监理管理暂行规定》的通知（皖人防办〔2012〕122号），废止时间2020年5月12日；国家人民防空办公室关于印发《人防工程监理行政许可资质管理办法》的通知（国人防〔2013〕227号）文件，国家人民防空办公室，2013年3月15日发布

8. 安徽省人民防空办公室关于认真执行《安徽省人民防空工程建设监理管理暂行规定》的通知（皖人防〔2013〕37号），废止时间2020年5月12日；执行国家人防办《人防工程监理行政许可资质管理办法》（国人防〔2013〕227号），国家人民防空办公室，2013年3月15日发布

9.《安徽省人民防空办公室关于开展人防工程监理乙级资质申报工作的通知》（皖人防〔2013〕59号），废止时间2020年5月12日；执行《安徽省人民防空办公室关于印发"证照分离"改革事项优化审批和强化监管具体措施的通知》（皖人防综〔2018〕88号），安徽省人民防空办公室，2018年11月19日发布

10.《安徽省人民防空办公室关于申报乙级及以下人防工程监理资质等级人员条件和丙级资质业务范围通知》（皖人防〔2013〕88 号），废止时间 2020 年 5 月 12 日；执行国家人民防空办公室《人防工程监理行政许可资质管理办法》（国人防〔2013〕227 号），国家人民防空办公室，2013 年 3 月 15 日发布

11.《安徽省人民防空办公室关于开展省内人防工程专业设计乙级资质认定工作的通知》（皖人防〔2013〕137 号），废止时间 2020 年 5 月 12 日；执行《安徽省人民防空办公室关于印发"证照分离"改革事项优化审批和强化监管具体措施的通知》（皖人防综〔2018〕88 号），安徽省人民防空办公室，2018 年 11 月 19 日发布

12.《安徽省人民防空办公室关于发布人防工程防护设备产品检测信息价的通知》（皖人防〔2014〕5 号），废止时间 2020 年 5 月 12 日

13.《安徽省人民防空办公室关于省外甲级人防工程监理设计单位备案有关事项的通知》（皖人防〔2015〕127 号），废止时间 2020 年 5 月 12 日；执行《安徽省人民防空办公室关于省外人防从业企业入皖备案实行告知承诺制管理有关事项的通知》（皖人防综〔2019〕22 号），安徽省人民防空办公室，2019 年 5 月 29 日发布

14.《安徽省人民防空办公室关于减违规增设的人防工程监理乙级资质专家评审特别程序的通知》（皖人防〔2016〕9 号），废止时间 2020 年 5 月 12 日

15.《安徽省人民防空办公室关于进一步规范人防工程防护（化）设备信息价发布和使用工作的通知》（皖人防〔2016〕50 号），废止时间 2020 年 5 月 12 日，自 2018 年 7 月份开始，安徽省人防办不再发布防护防化设备价格信息

16.《安徽省人民防空办公室关于明确外省甲级人防工程设计单位备案专业人员配置数量的批复》（皖人防〔2016〕73 号），废止时间 2020 年 5 月 12 日

17.《安徽省人民防空办公室关于统一印制使用人防工程施工图审查合格书的通知》（皖人防〔2016〕74 号），废止时间 2020 年 5 月 12 日；执行省住房和城乡建设厅 省人防办《关于进一步优化施工许可和竣工验收阶段有关事项办理流程的通知》（建市〔2020〕26 号），安徽省住房和城乡建设厅、安徽省人民防空办公室，2020 年 4 月 15 日发布

18.《安徽省人民防空办公室防空地下室易地建设费减免备案办理制度》（皖人防秘〔2016〕15 号），废止时间 2020 年 5 月 12 日；执行省人防办《关于规范易地建设费减免备案程序的通知》（皖人防综〔2018〕86 号），2018 年 5 月 18 日发布

19.《安徽省人民防空办公室关于实行防空地下室易地建设费减免备案制度的通知》（皖人防〔2016〕43 号），废止时间 2020 年 5 月 12 日；执行省人防办《关于规范易地建设费减免备案程序的通知》（皖人防综〔2018〕86 号），2018 年 5 月 18 日发布

20.《安徽省人民防空办公室 安徽省发展和改革委员会关于人防工程防护设备采购项目纳入公共资源交易平台进行交易的通知》（皖人防〔2017〕151 号），废止时间 2020 年 5 月 25 日；执行《必须招标的工程项目规定》（中华人民共和国国家发展和改革委员会令第 16 号），2018 年 3 月 27 日发布

21.《安徽省人民防空办公室关于依法加强人防工程防护设备市场监管的实施意见》（皖人防〔2017〕56号），废止时间2020年9月4日

22.《安徽省人民防空办公室关于依法进一步严格开展人防工程防护设备市场监管工作的通知》（皖人防〔2017〕140号），废止时间2020年9月4日

23.《安徽省人民防空办公室关于依法进一步加强人防工程防化设备市场和质量监管的通知》（皖人防〔2017〕143号），废止时间2020年9月4日

24.《安徽省人民防空办公室关于实行人防工程建设不良行为信息报告和公告制度的通知》（皖人防〔2014〕132号），废止时间2022年6月15日；执行《安徽省人防工程建设企业从业信用状况分类管理办法（试行）》的通知（皖人防〔2022〕13号），安徽省人民防空办公室、安徽省发展和改革委员会、安徽省住房和城乡建设厅、安徽省市场监督管理局，2022年6月2日发布，《安徽省人防工程建设企业从业信用状况分类评分规则》的通知（皖人防〔2022〕14号），安徽省人民防空办公室，2022年6月10日发布

25.《安徽省人民防空办公室关于印发〈人防工程防护防化设备市场信用行为监管细则〉》的通知（皖人防〔2020〕61号），废止时间2022年6月15日；执行《安徽省人防工程建设企业从业信用状况分类管理办法（试行）》的通知（皖人防〔2022〕13号），安徽省人民防空办公室、安徽省发展和改革委员会、安徽省住房和城乡建设厅、安徽省市场监督管理局，2022年6月2日发布，《安徽省人防工程建设企业从业信用状况分类评分规则》的通知（皖人防〔2022〕14号），安徽省人民防空办公室，2022年6月10日发布

26.安徽省人民防空办公室《关于印发安徽省人防工程建设"黑名单"管理暂行办法的通知》（皖人防〔2016〕76号），废止时间2022年6月15日；执行《安徽省人防工程建设企业从业信用状况分类管理办法（试行）》的通知（皖人防〔2022〕13号），安徽省人民防空办公室、安徽省发展和改革委员会、安徽省住房和城乡建设厅、安徽省市场监督管理局，2022年6月2日发布，《安徽省人防工程建设企业从业信用状况分类评分规则》的通知（皖人防〔2022〕14号），安徽省人民防空办公室，2022年6月10日发布

河北省人防工程资料目录
（孙树鹏整理）

1.关于印发《人防工程防护设备安装技术要求》的通知（冀人防工字〔2016〕35号），河北省人民防空办公室，2016年12月21日印发

2.《人民防空工程建筑面积计算规范》DB13（J）/T 222—2017，河北省住房和城乡建设厅、河北省人民防空办公室，2017年5月1日实施

3.《人民防空工程防护质量检测技术规程》DB13（J）/T 223—2017，河北省住房和城乡建设厅、河北省人民防空办公室，2017年5月1日实施

4.《人民防空工程兼作地震应急避难场所技术标准》DB13（J）/T 111—2017，河北省住房和城乡建设厅、河北省人民防空办公室，2018 年 3 月 1 日实施

5.《城市地下空间暨人民防空工程综合利用规划编制导则》DB13（J）/T 278—2018，河北省住房和城乡建设厅、河北省人民防空办公室，2019 年 2 月 1 日实施

6.《城市地下空间兼顾人民防空要求设计标准》DB13（J）/T 279—2018，河北省住房和城乡建设厅、河北省人民防空办公室，2019 年 2 月 1 日实施

7.《城市综合管廊工程人民防空设计导则》DB13（J）/T 280—2018，河北省住房和城乡建设厅、河北省人民防空办公室，2019 年 2 月 1 日实施

8.《人民防空工程平战功能转换设计标准》DB13（J）/T 8393—2020，河北省住房和城乡建设厅、河北省人民防空办公室，2021 年 4 月 1 日实施

9.《综合管廊孔口人防防护设备选用图集》DBJT 02—187—2020，河北省住房和城乡建设厅、河北省人民防空办公室，2021 年 4 月 1 日实施

山西省人防工程资料目录

（靳翔宇整理）

1.《山西省实施〈中华人民共和国人民防空法〉办法》，1998 年 11 月 30 日山西省第九届人民代表大会常务委员会第六次会议通过，1999 年 1 月 1 日起施行

2.《山西省人民防空工程维护管理办法》（山西省人民政府令第 198 号），自 2007 年 3 月 1 日起施行

3. 山西省人民政府办公厅转发省财政厅等部门《山西省防空地下室易地建设费收缴使用和管理办法》的通知（晋政办发〔2008〕61 号），2008 年 7 月 1 日施行

4.《山西省人民防空办公室关于深化行政审批制度改革加强事中事后监管的意见》（晋人防办字〔2016〕23 号），山西省人民防空办公室

5.《中共山西省委山西省人民政府关于开发区改革创新发展的若干意见》（晋政办发〔2016〕50 号），山西省人民政府办公厅，2016 年 4 月 26 日发布

6.《关于加强防空地下室建设服务监管的通知》，山西省人民防空办公室，2017 年 6 月 10 日发布

7.《关于印发企业投资项目承诺制改革试点防空地下室建设流程、事项准入清单及配套制度的通知》（晋人防办字〔2018〕19 号），山西省人民防空办公室

8.《关于进一步加强和规范建设项目人民防空审查管理的通知》（晋人防办字〔2018〕71 号），山西省人民防空办公室

9.《山西省人民防空工程建设条例》，2018 年 9 月 30 日山西省第十三届人民代表大会常务委员会第五次会议通过

10.《山西省人民政府办公厅关于转发省人防办等部门山西省防空地下室易地建设费收缴使用和管理办法的通知》（晋政办发〔2021〕82 号），山西省人民政府办公厅，自 2021 年 10 月 7 日起施行

河南省人防工程资料目录

（杨向华整理）

一、政策法规

1.《关于规范人防工程建设有关问题的通知》（豫防办〔2009〕100号），河南省人民防空办公室、河南省发展改革委员会、河南省监察厅、河南省财政厅、河南省住房和城乡建设厅，2009年7月1日实施

2.《关于印发河南省防空地下室面积计算规则的通知》（豫人防〔2017〕142号），河南省人民防空办公室，2018年1月9日发布实施

3.《关于调整城市新建民用建筑配建人防工程面积标准（试行）的通知》（豫人防〔2019〕80号），河南省人民防空办公室，2020年1月1日实施

4.《河南省住房和城乡建设厅河南省人民防空办公室关于印发〈河南省城市地下空间暨人防工程综合利用规划编制导则〉〈河南省城市地下综合管廊工程人民防空设计导则〉》（豫建城建〔2020〕384号），河南省住房和城乡建设厅、河南省人民防空办公室，2020年2月26日发布实施

5.《河南省住房和城乡建设厅河南省人民防空办公室关于印发〈河南省城市地下空间暨人防工程综合利用规划编制导则〉〈河南省城市地下综合管廊工程人民防空设计导则〉》（豫建城建〔2020〕384号），河南省住房和城乡建设厅、河南省人民防空办公室，2020年2月26日发布实施

6.《河南省人民防空工程审批管理办法》（豫人防〔2021〕27号），河南省人民防空办公室，2021年3月26日发布

7.《河南省人民防空工程平战转换技术规定》（豫人防〔2021〕70号），河南省人民防空办公室，2021年11月1日实施

二、施工与验收

1.《关于印发河南省人民防空工程质量监督实施细则的通知》（豫人防〔2017〕143号），河南省人民防空办公室，2018年1月9日发布实施

2.《河南省人民防空工程竣工验收备案管理办法》（豫人防〔2019〕75号），河南省人民防空办公室，2019年12月1日实施

3.《河南省人民防空工程监理工作规程（试行）》（豫人防〔2019〕83号），河南省人民防空办公室，2020年1月17日发布

4.《全省人防工程质量监督"随报随检随批，一次办妥"规定》（豫人防工〔2020〕5号），河南省人民防空办公室，2020年2月26日发布

三、产品

1.《关于人防工程防护设备生产标准有关问题的通知》（豫防办〔2009〕201号），河南省人民防空办公室，2009年12月8日发布

2.《关于规范全省人防工程防护设备检测机构资质认定工作的通知》（豫人防〔2018〕49号），河南省人民防空办公室、河南省质量技术监督局，2018年5月16

日发布执行《RFP 型过滤吸收器制造和验收规范（暂行）》有关事项的通知（豫人防〔2021〕9 号），河南省人民防空办公室，2021 年 8 月 30 日发布

四、造价定额

《河南省人民防空办公室关于建筑业实施"营改增"后河南省人防工程计价依据调整的通知》（豫人防〔2016〕127 号），河南省人民防空办公室，2016 年 10 月 29 日发布

五、维护管理

《河南省人民防空工程标识管理办法》的通知（豫人防〔2017〕38 号），河南省人民防空办公室，2017 年 5 月 25 日发布

六、其他

1.《关于明确依法征收人防易地建设费有关问题的通知》（豫防办〔2010〕93 号），河南省人民防空办公室，2010 年 6 月 25 日发布

2.《关于公布人防规范性文件清理结果的通知》（豫人防〔2017〕145 号），河南省人民防空办公室，2017 年 12 月 27 日发布

3.《关于印发河南省人民防空工程审批管理暂行办法的通知》（豫人防〔2017〕139 号），河南省人民防空办公室，2018 年 1 月 8 日发布实施

4.《关于印发河南省人民防空工程建设质量管理暂行办法的通知》（豫人防〔2017〕140 号），河南省人民防空办公室，2018 年 1 月 9 日发布实施

5.《河南省人民防空办公室关于印发河南省人防工程审批制度改革实施意见的通知》（豫人防〔2019〕54 号），河南省人民防空办公室，2019 年 9 月 4 日发布

6.《河南省人民防空办公室行政许可事项工作程序规范》（豫人防〔2019〕86 号），河南省人民防空办公室，2020 年 1 月 8 日发布

7.《河南省人民防空工程施工图设计文件审查要点（试行）》（豫人防〔2021〕15 号），河南省人民防空办公室、河南省住房和城乡建设厅，2021 年 3 月 1 日实施

内蒙古自治区人防工程资料目录

（任青春整理）

1.《内蒙古自治区人民防空工程建设造价管理办法》，内蒙古自治区人民防空办公室，2007 年 10 月 13 日发布

2.《内蒙古自治区人民防空工程建设管理规定》，内蒙古自治区人民政府，2013 年 1 月 17 日发布

3.《内蒙古自治区人民防空办公室关于印发人防工程建设管理相关配套文件的通知》——《内蒙古自治区人民防空工程建设质量监督管理办法》（内人防发〔2013〕16 号），内蒙古自治区人民防空办公室，2013 年 5 月 17 日发布

4.《内蒙古自治区人民防空办公室关于印发人防工程建设管理相关配套文件的通知》——《内蒙古自治区防空地下室建设程序管理办法》（内人防发〔2013〕16 号），

内蒙古自治区人民防空办公室，2013年5月17日发布

5.《内蒙古自治区人民防空办公室关于印发人防工程建设管理相关配套文件的通知》——《内蒙古自治区人民防空工程施工图设计文件审查管理办法》（内人防发〔2013〕16号），内蒙古自治区人民防空办公室，2013年5月17日发布

6.《关于规范人防工程防护设备检测》（内人发字〔2018〕11号），内蒙古自治区人民防空办公室，2018年11月1日发布

广西壮族自治区人防工程资料目录
（钟发清整理）

1.《广西壮族自治区防空地下室易地建设费收费管理规定》（桂价费字〔2003〕462号），广西壮族自治区人民防空办公室等，2004年4月1日实施

2. 关于颁布实施《拆除人民防空工程审批行政许可办法》《新建民用建设项目审批批准行政许可办法》的通知（桂人防办字〔2006〕23号），2006年3月3日实施

3. 关于《进一步加快全区人民防空工程平战转换应急准备工作》的通知，广西壮族自治区人民防空办公室等，2007年12月29日实施

4.《广西壮族自治区人民防空工程建设与维护管理办法》（广西壮族自治区人民政府令第86号），2013年4月1日实施

5. 2013年《人民防空工程预算定额》定额人工费、定额材料费、定额机械费调整系数，广西壮族自治区人民防空办公室，2018年7月23日实施

6. 南宁市《应建防空地下室的新建民用建筑项目审批》（一次性告知），南宁市行政审批局、南宁市财政局，2018年8月1日实施

7.《广西壮族自治区结合民用建筑修建防空地下室面积计算规则（试行）》（桂防通〔2019〕38号），广西壮族自治区人民防空和边海防办公室等，2019年4月30日实施

8.《关于规范防空地下室建设 优化营商环境 助推产业发展的实施意见》（桂防规〔2020〕1号），广西壮族自治区人民防空和边海防办公室，2020年1月15日实施

9.《广西壮族自治区结合民用建筑修建防空地下室审批管理办法（试行）》（桂防规〔2020〕2号），广西壮族自治区人民防空和边海防办公室，2020年4月3日施行

10. 广西壮族自治区人民防空和边海防办公室关于印发《广西壮族自治区人防工程建设程序管理办法（试行）》的通知（桂防通〔2020〕35号），广西壮族自治区人民防空和边海防办公室，2020年4月8日实施

11. 关于印发《广西壮族自治区人民防空工程设计资质管理实施细则（试行）》的通知（桂防规〔2020〕4号），广西壮族自治区人民防空和边海防办公室，2020年4月30日实施

12. 关于印发《广西壮族自治区人民防空工程质量监督管理实施细则（试行）》的通知（桂防规〔2020〕6 号），广西壮族自治区人民防空和边海防办公室，2020 年 4 月 23 日施行

13.《广西壮族自治区人防工程防护（防化）设备质量管理实施细则（试行）》的通知（桂防规〔2020〕7 号），广西壮族自治区人民防空和边海防办公室，2020 年 4 月 23 日实施

重庆市人防工程资料目录
（张旭整理）

1.《重庆市人民防空条例》，1998 年 12 月 26 日重庆市第一届人民代表大会常务委员会第十三次会议通过，2005 年 7 月 29 日重庆市第二届人民代表大会常务委员会第十八次会议第一次修正，2010 年 7 月 23 日重庆市第三届人民代表大会常务委员会第十八次会议第二次修正

2.《关于新建人防工程增配部分通风设备设施减少平战转换量的通知》（渝防办发〔2018〕162 号），重庆市人民防空办公室，2018 年 10 月 18 日发布实施

3.《重庆市城市综合管廊人民防空设计导则》，重庆市人民防空办公室、重庆市住房和城乡建设委员会，2019 年 4 月 1 日发布实施

4.《关于结合民用建筑修建防空地下室简化面积计算及局部调整分类区域范围的通知》（渝防办发〔2019〕126 号），重庆市人民防空办公室，2020 年 1 月 1 日发布实施

辽宁省人防工程资料目录
（刘健新整理）

1.《大连市人民防空管理规定》，2010 年 12 月 1 日市政府令第 112 号修改，大连市人民政府，2002 年 10 月 1 日实施

2.《沈阳市民防管理规定（2003 年）》（沈阳市人民政府令第 28 号），沈阳市人民政府，2004 年 2 月 1 日实施

3.《辽宁省人民防空工程建设监理实施细则》（辽人防发〔2009〕3 号），辽宁省人民防空办公室，2009 年 4 月 1 日实施

4.《辽宁省人民防空工程防护、防化设备管理实施细则》（辽人防发〔2010〕11 号），辽宁省人民防空办公室，2010 年 3 月 30 日实施

5.《人民防空工程标识》DB21/T 3199—2019，辽宁省市场监督管理局，2020 年 1 月 20 日实施

6.《沈阳市人防工程国有资产管理规定》（沈人防发〔2020〕10 号），沈阳市人

民防空办公室，2020 年 7 月 2 日实施

7.《关于人防工程设计企业从业资质有关事项的通知》（辽人防发〔2021〕1 号），辽宁省人民防空办公室，2021 年 10 月 29 日实施

浙江省人防工程资料目录

（张芝霞整理）

一、设计

（一）标准规范

1.《控制性详细规划人民防空设施配置标准》DB33/T 1079—2018

2.《建筑工程建筑面积计算和竣工综合测量技术规程》DB33/T 1152—2018

3.《早期坑道地道式人防工程结构安全性评估规程》DB33/T 1172—2019

4.《人民防空疏散基地标志设置技术规程》DB33/T 1173—2019

5.《人民防空固定式警报设施建设管理规范》DB33/T 2207—2019

6.《人民防空专业队工程设计规范》DB33/T 1227—2020

7.《人防门安装技术规程》DB33/T 1231—2020

8.《人民防空工程维护管理规范》DB3301/T 0344—2021

（二）政策法规

1. 浙江省人民防空办公室（民防局）关于学习贯彻《浙江省人民政府关于加快城市地下空间开发利用的若干意见》的通知（浙人防办〔2011〕35 号）

2.《浙江省人民防空办公室关于统一全省人防工程标识设置的通知》（浙人防办〔2012〕73 号），浙江省人民防空办公室，2012 年 6 月 8 日颁布

3.《浙江省人民防空办公室等关于加强地下空间开发利用工程兼顾人防需要建设管理的通知》（浙人防办〔2012〕81 号），浙江省人民防空办公室，2013 年 4 月 19 日颁布

4. 浙江省人民防空办公室关于印发《浙江省人民防空工程防护功能平战转换管理规定（试行）》的通知（浙人防办〔2022〕6 号），浙江省人民防空办公室，2022 年 5 月 1 日起试行

5.《浙江省防空地下室管理办法》（浙江省人民政府令第 344 号），浙江省人民政府第 63 次常务会议审议，2016 年 6 月 1 日起施行

6.《关于防空地下室结建标准适用的通知》（浙人防办〔2018〕46 号），浙江省人民防空办公室，2018 年 11 月 29 日颁布

7.《关于要求明确重点镇人防结建政策适用标准的请示》（浙人防办〔2019〕6 号），浙江省人民防空办公室，2019 年 1 月 31 日颁布

8. 关于印发《结合民用建筑修建防空地下室审批工作指导意见》的通知（浙人防办〔2019〕23 号），浙江省人民防空办公室，2019 年 12 月 30 日颁布

9. 浙江省人民防空办公室关于印发《浙江省结合民用建筑修建防空地下室审

批管理规定（试行）》的通知（浙人防办〔2020〕31号），浙江省人民防空办公室，2020年12月21日颁布

10.《浙江省实施〈中华人民共和国人民防空法〉办法》（第四次修订），浙江省第十三届人民代表大会常务委员会第二十五次会议通过，2020年11月27日起执行

（三）技术文件

1.《单建掘开式地下空间开发利用工程兼顾人防需要设计导则（试行）》，浙江省住房和城乡建设厅，浙江省人民防空办公室，2011年11月

2.《浙江省城市地下综合管廊工程兼顾人防需要设计导则》，浙江省住房和城乡建设厅，浙江省人民防空办公室，2017年9月

3.《浙江省人民防空专项规划编制导则（试行）》（浙人防办〔2020〕11号），浙江省人民防空办公室，2020年4月30日实施

4.《规划管理单元控制性详细规划（人防专篇）》示范文本，浙江省人民防空办公室，2020年6月23日实施

5.《浙江省人防疏散基地（地域）建设标准（征求意见稿）》，浙江省人民防空办公室，2020年7月8日发布

6.《浙江省人防疏散基地（地域）管理规定（征求意见稿）》，浙江省人民防空办公室，2020年7月8日发布

7.《浙江省防空地下室维护管理操作规程（试行）》，浙江省人民防空办公室，2020年7月20日发布

8.《防空地下室维护管理操作手册》，浙江省人民防空办公室，2020年7月20日发布

二、施工与验收

1.关于印发《浙江省人民防空工程竣工验收备案管理办法》的通知（浙人防办〔2009〕61号），浙江省人民防空办公室，2009年8月7日发布

2.关于印发《浙江省人民防空工程质量监督管理办法》的通知（浙人防办〔2017〕4号），浙江省人民防空办公室，2017年1月20日发布

三、产品

1.《关于人防工程防护设备产品实施公开招标的通知》（浙人防办〔2012〕51号），浙江省人民防空办公室，2012年3月21日发布

2.关于印发《浙江省人民防空工程防护设备质量检测管理实施办法》的通知（浙人防办〔2013〕39号），浙江省人民防空办公室，2013年8月15日发布

3.关于印发《浙江省人防工程和其他人防防护设施监理管理办法》的通知（浙人防办〔2014〕4号），浙江省人民防空办公室，2014年1月20日发布

4.关于印发《浙江省人民防空工程防护设备质量检测管理细则（试行）》的通知（浙人防办〔2015〕9号），浙江省人民防空办公室，2015年2月11日发布

5.关于征求《浙江省人防行业信用监督管理办法（试行）》意见与建议的公告，浙江

省人民防空办公室，2020 年 8 月 10 日发布

四、造价定额

关于印发《浙江省人防建设项目竣工决算审计管理办法》的通知，浙江省人民防空办公室，2017 年 4 月 26 日发布

五、维护管理

1. 关于下发《浙江省人防工程使用和维护管理责任书（试行）》示范文本的通知，浙江省人民防空办公室，2016 年 9 月 29 日发布

2.《浙江省人民防空办公室关于人民防空工程平时使用和维护管理登记有关事项的批复》（浙人防函〔2016〕65 号），浙江省人民防空办公室，2016 年 12 月 30 日颁布

六、其他

1. 关于印发《疏散（避难）基地建设试行意见》的通知（浙民防〔2005〕7 号），浙江省人民防空办公室，2005 年 9 月 30 日颁布

2. 关于印发《浙江省人民防空工程防护功能平战转换技术措施》的通知（浙人防办〔2005〕162 号），浙江省人民防空办公室，2005 年 12 月 14 日颁布

3.《浙江省民防局关于人口疏散场所建设的意见（试行）》（浙民防〔2008〕12 号），浙江省人民防空办公室，2008 年 10 月 20 日颁布

4. 关于印发《浙江省民防应急疏散场所标志》的通知（浙民防〔2008〕16 号），浙江省人民防空办公室，2008 年 12 月 4 日发布

5. 关于印发《浙江省城镇人民防空专项规划编制管理办法》的通知（浙人防办〔2009〕50 号），浙江省人民防空办公室，2009 年 6 月 17 日发布

6.《浙江省民防局浙江省民政厅关于进一步推进应急避灾疏散场所建设的意见》（浙民防〔2010〕4 号），浙江省人民防空办公室，2010 年 5 月 21 日发布

7.《浙江省人民防空办公室关于大力推进人防建设与城市地下空间开发利用融合发展的意见》（浙人防办〔2012〕85 号），浙江省人民防空办公室，2012 年 8 月 3 日起实施

8.《关于地下空间开发利用兼顾人防需要与结建人防相关事宜的批复》，浙江省人民防空办公室，2014 年 5 月 4 日发布

9.《浙江省物价局、浙江省财政厅、浙江省人民防空办公室防空办公室关于规范和调整人防工程易地建设费的通知》（浙价费〔2016〕211 号），浙江省物价局、浙江省财政厅、浙江省人民防空办公室，2017 年 1 月 1 日起实施

10.《关于进一步推进人民防空规划融入城市规划的实施意见》（浙人防办〔2017〕42 号），浙江省人民防空办公室，2017 年 9 月 29 日起实施

11.《关于防空地下室结建标准适用的通知》（浙人防办〔2018〕46 号），浙江省人民防空办公室，2019 年 1 月 1 日起实施

12.《浙江省人民防空办公室关于公布行政规范性文件清理结果的通知》（浙人防办〔2020〕15 号），浙江省人民防空办公室，2020 年 6 月 4 日发布

山东省人防工程资料目录

（张春光整理）

一、设计

（一）标准规范

《人民防空工程平战转换技术规范》DB37/T 3470—2018,山东省人民防空办公室、山东省市场监督管理局，2019 年 1 月 29 日起实施

（二）政策法规

1.《山东省人民防空工程建设领域企业信用"红黑名单"管理办法》（鲁防发〔2018〕8 号），山东省人民防空办公室，2018 年 11 月 1 日起施行

2.《〈人防工程和其他人防防护设施设计乙级资质行政许可〉告知承诺办法》（鲁防发〔2018〕12 号）山东省人民防空办公室，2019 年 1 月 1 日起施行

3.《关于规范新建人防工程冠名的通知》（鲁防发〔2019〕5 号），山东省人民防空办公室，2019 年 2 月 1 日起实施

4.《关于规范人民防空工程设计参数和技术要求的通知》（鲁防发〔2019〕7 号），山东省人民防空办公室，2019 年 6 月 16 日起实施

5.《山东省人民防空工程管理办法》（省政府令第 332 号），山东省政府，2020 年 3 月 1 日起施行

（三）技术文件

《山东省防空地下室工程面积计算规则》（鲁防发〔2020〕5 号），山东省人民防空办公室，2021 年 1 月 3 日起实施

二、施工与验收

1.《关于加强人防工程防化设备生产安装管理的通知》（鲁防发〔2017〕3 号），山东省人民防空办公室，2017 年 7 月 1 日起实施

2.《山东省人民防空工程和其他人防防护设施建设监理实施细则》（鲁防发〔2017〕13 号），山东省人民防空办公室，2017 年 12 月 1 日起施行

3.《山东省人民防空工程质量监督档案管理办法》（鲁防发〔2017〕15 号），山东省人民防空办公室，2017 年 12 月 1 日起施行

4.《关于规范防空地下室制式标牌的通知》（鲁防发〔2017〕10 号），山东省人民防空办公室，2018 年 1 月 1 日起实施

5.《山东省人民防空工程质量监督管理办法》（鲁防发〔2018〕9 号），山东省人民防空办公室，2018 年 12 月 16 日起施行

6.《〈人防工程和其他人防防护设施监理乙级资质行政许可〉告知承诺办法》（鲁防发〔2018〕11 号），山东省人民防空办公室，2019 年 1 月 1 日起施行

7.《〈人防工程和其他人防防护设施监理丙级资质行政许可〉告知承诺办法》（鲁防发〔2018〕13 号），山东省人民防空办公室，2019 年 1 月 1 日起施行

8.《山东省单建人防工程施工安全监督管理办法》（鲁防发〔2020〕2号），山东省人民防空办公室，自2015年11月15日起施行

9.《山东省人民防空工程竣工验收备案管理办法》（鲁防发〔2020〕7号），山东省人民防空办公室，2021年2月1日起实施

10.关于规范《人防工程开工报告》有关问题的通知（鲁防发〔2020〕8号），山东省人民防空办公室，2021年2月1日起实施

三、造价定额

1.《山东省人防工程费用项目组成及计算规则（2020）》（鲁防发〔2020〕3号），山东省人民防空办公室，2020年12月1日起施行

2.《山东省人民防空工程建设造价管理办法》（鲁防发〔2020〕4号），山东省人民防空办公室，2020年12月1日起施行

四、维护管理

1.《山东省人民防空工程维护管理办法》（鲁防发〔2017〕5号），山东省人民防空办公室，2017年9月1日起施行

2.《山东省人民防空工程质量监督档案管理办法》（鲁防发〔2017〕15号），山东省人民防空办公室，2017年12月1日起施行

3.《关于实行制式人防工程平时使用证管理有关问题的通知》（鲁防发〔2017〕16号），山东省人民防空办公室，2017年12月1日起施行

4.《山东省人民防空工程建设档案管理规定》（鲁防发〔2020〕6号），山东省人民防空办公室，2019年2月1日起施行

5.《山东省人民防空办公室关于加强重要经济目标防护管理的意见》（鲁防发〔2021〕1号），山东省人民防空办公室，2021年2月1日起施行

6.《山东省单建人民防空工程安全生产事故隐患排查治理办法》（鲁防发〔2019〕2号），山东省人民防空办公室，2021年2月1日起施行

五、其他

1.《关于规范单建人防工程审批事项的通知》（鲁防发〔2017〕11号），山东省人民防空办公室，2017年12月1日起实施

2.《关于规范人民防空行政许可事项报送的通知》（鲁防发〔2017〕14号），山东省人民防空办公室，2017年12月1日起实施

3.《关于调整人民防空建设项目审批权限的通知》（鲁防发〔2018〕3号），山东省人民防空办公室，2018年5月1日起实施

4.《关于规范人民防空其他权力事项报送的通知》（鲁防发〔2018〕4号），山东省人民防空办公室，2018年5月1日起实施

5.《关于进一步加强学校防空防灾知识教育工作的意见》（鲁防发〔2018〕7号），山东省人民防空办公室，2018年7月1日起实施

6.《山东省人民防空行政处罚裁量基准》（鲁防发〔2018〕10号），山东省人民防空办公室，2019年1月1日起实施

7.《关于规范防空地下室易地建设审批条件的意见》(鲁防发〔2019〕4号),山东省人民防空办公室,2019年2月1日起实施

8.《关于人防工程设计、监理企业发生重组、合并、分立等情况资质核定有关问题的通知》(鲁防发〔2019〕8号),山东省人民防空办公室,2019年10月11日起实施

9.《关于加强人民防空教育工作的通知》(鲁防发〔2019〕9号),山东省人民防空办公室,2020年1月19日起实施

10.《关于在青少年校外活动场所增加防空防灾技能训练内容的通知》(鲁防发〔2019〕10号),山东省人民防空办公室,2020年1月19日起实施

六、济南市人防工程资料

1.《济南市人民防空办公室关于进一步加强已建人防工程管理工作的通知》(济防办发〔2017〕3号),济南市人民防空办公室,2017年2月13日起实施

2.《关于进一步规范我市拆除人防工程设施审批工作的通知》(济防办发〔2017〕4号),济南市人民防空办公室,2017年2月13日起实施

3.《关于规范人民防空工程悬挂标志牌、指示牌、标识牌的通知》(济防办发〔2017〕5号),济南市人民防空办公室,2017年2月13日起实施

4.《济南市人民防空办公室关于加强人防工程设计审批工作的意见》(济防办发〔2018〕78号),济南市人民防空办公室,2018年10月1日起施行

5.《济南市人防工程建设领域从业单位监督管理办法》(济防办发〔2018〕97号),济南市人民防空办公室,2019年1月1日起实施

6.《济南市人民防空工程人防门安装技术导则》(试行)(济人防工〔2020〕10号),济南市人民防空办公室,2020年7月13日公布

7.关于修改《济南市人民政府关于加强防空警报设施管理工作的通告》的决定(济南市人民政府令第274号),济南市人民政府,2021年1月27日起施行

8.《关于进一步优化房屋建筑工程施工许可办理营商环境的通知》(济建发〔2021〕33号),济南市住房和城乡建设局、济南市人民防空办公室、济南市行政审批服务局,2021年6月29日起实施

贵州省人防工程资料目录
(包万明整理)

1.《省人民政府办公厅关于印发贵州省人民防空工程建设管理办法的通知》(黔府办发〔2020〕38号),贵州省人民政府办公厅,2020年12月30日起施行

2.《贵州省人民防空工程建设审批手册》,贵州省人民防空办公室,2019年10月

3.《关于贵州省防空地下室建设标准和易地建设费征收管理的通知》(黔人防通〔2015〕19号),贵州省人民防空办公室等单位,2015年5月29日起施行

4.《省人民防空办公室关于开展人防工程建设防化设备安装工作的通知》(黔人防通〔2018〕44号),贵州省人民防空办公室,2018年12月13日起施行

5.《省人民防空办公室关于转发工程建设项目审批制度改革有关配套文件的通知》（黔人防通〔2019〕37号），贵州省人民防空办公室，2019年9月30日起施行

6.《贵州省人民防空办公室关于更新〈贵州省常用人防设备产品信息价〉的通知》（黔人防通〔2020〕65号），贵州省人民防空办公室，2021年1月1日起施行

7.《省人民防空办公室关于对防空地下室建筑面积有关事宜的通知》（黔人防通〔2020〕18号），贵州省人民防空办公室，2020年3月26日起施行

8.《贵州省人民防空办公室关于规范防空地下室易地建设审批的通知》（黔人防通〔2020〕21号），贵州省人民防空办公室，2020年4月20日起施行

9.《贵州省人民防空办公室关于加强全省人民防空工程标识标牌设置工作的通知》（黔人防通〔2021〕4号），贵州省人民防空办公室，2021年3月1日起施行

四川省人防工程资料目录
（赵建辉整理）

1.《关于规范勘察设计项目成果报送电子文档命名及格式要求的通知》（川建勘设科发〔2017〕91号），四川省住房和城乡建设厅，2017年2月10日起实施

2.《关于调整我省防空地下室易地建设费标准的通知》（川发改价格〔2019〕358号），川省发展和改革委员会、四川省财政厅、四川省人民防空办公室，2019年9月1日起实施

3.《四川省人民防空办公室关于明确物流项目修建防空地下室范围的通知》（川人防办〔2020〕75号），四川省人民防空办公室，2020年11月16日起实施

4.关于印发《成都市人防工程设计方案总平图编制规定》的通知（成防办发〔2019〕10号），成都市人民防空办公室，2019年3月6日起实施

5.关于印发《成都市人民防空工程平战转换规定》的通知（成防办〔2019〕59号），成都市人民防空办公室，2019年11月28日起实施

6.关于印发《成都市防空地下室应建面积计算标准》的通知（成防办发〔2020〕19号），成都市人民防空办公室，2020年9月21日起实施

7.关于印发《成都市防空地下室易地建设费征收管理办法》的通知（成防办发〔2020〕18号），成都市人民防空办公室，2020年9月30日起实施

8.《关于医院建设项目中人防医疗救护工程设置类别审批要求的通知》（成防办函〔2021〕24号），成都市人民防空办公室，2021年4月13日起实施

9.《成都市人民防空地下室设计标准》DBJ51/T 159—2021

云南省人防工程资料目录
（王永权整理）

1.云南省实施《中华人民共和国人民防空法》办法，1998年9月25日云南省第

九届人民代表大会常务委员会第五次会议通过，1998 年 9 月 25 日云南省第九届人民代表大会常务委员会公告第 5 号公布

2.《云南省人民防空建设资金管理办法》，云南省人民防空办公室，2002 年 1 月 1 日起施行

3.《云南省人民防空行政执法规定》，云南省人民防空办公室，2006 年 8 月 15 日起施行

4.《云南省人民防空工程平战功能转换管理办法》，云南省人民防空办公室，2012 年 4 月 1 日起施行

5.《关于调整我省防空地下室易地建设收费有关问题的通知》（云价综合〔2014〕42 号），云南省物价局、云南省财政厅、云南省人民防空办公室，2014 年 3 月 7 日起执行

6.《云南省人民防空办室关于落实人防工程平战转换有关规定的通知》（云防办工〔2017〕28 号），云南省人民防空办公室，2017 年 8 月 1 日起实施

7.《昆明市人民防空工程建设管理规定》（昆明市人民政府公告第 48 号），昆明市人民政府，2009 年 9 月 7 日起施行

8.《昆明市公共地下空间平战结合人防工程建设管理办法》（昆政发〔2012〕96 号），昆明市人民政府，2012 年 12 月 10 日起施行

9.《昆明市人防机动指挥通信系统平时使用管理办法》（昆政办〔2013〕105 号），昆明市人民政府，2013 年 10 月 30 日起施行

10. 关于印发《昆明市人民防空地下室质量检测技术指南（试行）》的通知（昆人防〔2019〕26 号），昆明市人民防空办公室，2019 年 9 月 27 日起实施

11. 关于印发《昆明市防空地下室施工图审查技术指引（试行）》的通知（昆人防〔2019〕32 号），昆明市人民防空办公室，2019 年 12 月 12 日起实施

12.《关于承接昆明市中心城区人防工程建设行政审批监管服务事项的函》（昆人防函〔2020〕419 号），昆明市人民防空办公室，2021 年 1 月 1 日起实施

新疆维吾尔自治区人防工程资料目录
（沈菲菲整理）

一、设计、政策法规

1.《新疆维吾尔自治区人民防空工程平战转换技术规定（试行）》（新人防规〔2020〕2 号），新疆维吾尔自治区人民防空办公室，2021 年 1 月 1 日起施行

2.《新疆维吾尔自治区人民防空工程建设行政审批管理规定（试行）》（新人防规〔2020〕1 号），新疆维吾尔自治区人民防空办公室，2021 年 1 月 1 日起施行

3.《新疆维吾尔自治区城市防空地下室易地建设收费办法》（新发改规〔2021〕10 号），新疆维吾尔自治区发展和改革委员会、新疆维吾尔自治区财政厅、新疆维吾尔自治区住房和城乡建设厅、新疆维吾尔自治区人民防空办公室，2021 年 8 月 30 日起施行

二、施工与验收

1.《新疆维吾尔自治区人民防空工程人防标牌制作悬挂技术规定》，新疆维吾尔自治区人民防空办公室，2019 年 5 月 29 日发布

2.《新疆维吾尔自治区人民防空工程竣工验收备案管理规定（试行）》，新疆维吾尔自治区人民防空办公室，2019 年 5 月 29 日起施行

三、维护管理

1.《新疆维吾尔自治区人民防空重点城市警报通信设施建设管理规定（试行）》（新政发〔2003〕58 号），新疆维吾尔自治区人民政府、新疆军区，2003 年 7 月 25 日起施行

2.《新疆维吾尔自治区人民防空警报试鸣暂行规定》（新政发〔2005〕38 号），新疆维吾尔自治区人民政府，2005 年 6 月 1 日起施行

3.《关于落实人防工程防化设备质量监管的通知》，新疆维吾尔自治区人民防空办公室，2017 年 7 月 1 日起施行

4.《新疆维吾尔自治区人防专家库管理办法（暂行）》，新疆维吾尔自治区人民防空办公室，2019 年 5 月 29 日起施行

5.《新疆维吾尔自治区人民防空工程质量监督管理规定（试行）》（新人防规〔2020〕5 号），新疆维吾尔自治区人民防空办公室，2021 年 1 月 1 日起施行

四、其他

1.《新疆维吾尔自治区"人防工程 遗留问题"处理程序的意见》，新疆维吾尔自治区人民防空办公室，2017 年 3 月 13 日起施行

2.《自治区人民防空办公室"双随机一公开"工作实施细则（试行）》，新疆维吾尔自治区人民防空办公室，2018 年 11 月 5 日起施行

3.《关于自治区房屋建筑和市政基础设施工程施工图审查机构开展人防工程施工图审查有关问题的通知》，新疆维吾尔自治区人民防空办公室、新疆维吾尔自治区住房和城乡建设厅，2019 年 12 月 5 日起施行

吉林省人防工程资料目录

（刘健新整理）

1.《吉林省人民防空地下室防护（化）功能平战转换技术规程》，吉林省人民防空办公室，2016 年 10 月 20 日起实施

2.《吉林省玄武岩纤维防护设备选用图集》RFJ 01—2017（吉防办发〔2017〕92 号），吉林省人民防空办公室，2017 年 6 月 12 日起实施

3.《吉林省人防工程质量检测管理办法》，吉林省人民防空办公室，2017 年 8 月 11 日起实施

4.《吉林省附建式地下空间开发利用兼顾人防要求工程设计导则》，吉林省人民防空办公室，2018 年 6 月起实施

陕西省人防工程资料目录

（韩刚刚整理）

一、设计

（一）标准规范

1.《早期人民防空工程分类鉴定规程》DB 61/T 1019—2016

2.《城市地下空间兼顾人民防空工程设计规范》DB 61/T 1229—2019

3.《人民防空工程标识标准》DB 61/T 5006—2021

4.《人民防空工程防护设备安装技术规程 第一部分：人防门》DB 61/T 1230—2019

（二）政策法规

1.《陕西省实施〈中华人民共和国人民防空法〉办法》，1998 年 6 月 26 日陕西省第九届人民代表大会常务委员会第三次会议通过，2002 年 3 月 28 日第一次修正，2003 年 11 月 29 日第二次修正

2.《关于人防工程易地建设费收费标准的补充通知》（陕价费调发〔2004〕19 号），陕西省物价局财政厅，2004 年 6 月 16 日起实施

3.《关于重新核定人防工程易地建设费收费标准的通知》（陕价费调发〔2004〕12 号），陕西省物价局价格监测监督处，2004 年 12 月 21 日起实施

4.《陕西省人民防空办公室关于明确新建民用建筑修建防空地下室范围的通知》（陕人防发〔2021〕95 号），陕西省人民防空办公室，2022 年 1 月 1 日起实施

5.《陕西省人民防空办公室关于规范防空地下室易地建设费执行减免政策的通知》（陕人防发〔2020〕126 号），陕西省人民防空办公室，2020 年 11 月 9 日起实施

二、施工与验收

《陕西省开展房屋建筑和市政基础设施工程建设项目竣工联合竣工验收的实施方案（试行）》（陕建发〔2018〕400 号），陕西省住房和城乡建设厅、陕西省发展和改革委员会、陕西省国家安全厅、陕西省自然资源厅、陕西省广播电视局、陕西省人民防空办公室，2018 年 11 月 26 日发布

三、产品

1.《关于公示人防工程防护设备定点生产和安装企业目录的通告》，陕西省人民防空办公室，2021 年 11 月 4 日发布

2.《陕西省人防专用设备生产安装企业、检测机构质量行为监督管理措施》，陕西省人民防空办公室，2021 年 9 月 16 日发布

3.《关于人防工程防护设备定点生产和安装企业入陕登记的通告》，陕西省人民防空办公室，2021 年 9 月 22 日发布

四、造价定额

《陕西省人防工程标准定额站关于发布 2014 年陕西省人防工程防护设备质量检测信息价的通知》（陕防定字〔2014〕05 号），陕西省人民防空工程标准定额站，2014 年 10 月 25 日起实施

五、维护管理

《陕西省人防平战结合工程防火安全管理规定》，陕西省人民防空办公室，2016年3月22日发布

六、其他

1.《关于进一步加强西安市城市地下空间规划建设管理工作的实施意见》（市政办发〔2018〕2号），西安市人民政府办公厅，2018年1月10日起实施

2. 西安市人民防空办公室关于贯彻落实《关于规范人防工程防护设备检测机构资质认定工作的通知》的通知，西安市人民防空办公室，2018年7月18日起实施

3.《西安市"结建"人防工程建设审批管理规定》（市人防发〔2018〕42号），西安市人民防空办公室，2018年10月1日起实施

4.《关于认定施工图综合审查机构的通知》（陕建发〔2018〕242号），陕西省住房和城乡建设厅、陕西省公安消防总队、陕西省人民防空办公室，2018年8月10日起实施

5.《西安市人民防空办公室关于西安市人防结建审批执行埋深3米条件等有关问题的通知》（市人防发〔2020〕26号），西安市人民防空办公室，2020年5月20日起实施

甘肃省人防工程资料目录
（王辉平整理）

1.《甘肃省物价局 甘肃省财政厅 甘肃省人防办 甘肃省建设厅关于〈甘肃省防空地下室易地建设费收费实施办法〉的补充通知》（甘价服务〔2004〕第181号），甘肃省人民防空办公室，2004年6月28日起实施

2.《对人防工程防护设备定点生产企业管理规定的解读》，甘肃省人民防空办公室，2012年1月17日发布

3.《甘肃省人民防空行政处罚自由裁量权实施标准》（甘人防办发〔2015〕208号），甘肃省人民防空办公室，2015年12月4日起实施

4.《甘肃省人民防空工程平战结合管理规定》，甘肃省人民防空办公室，2020年1月10日发布施行

5.《甘肃省人民防空办公室关于进一步加强人防工程建设与管理的规定》（甘人防办发〔2020〕69号），甘肃省人民防空办公室，2020年10月1日起实施

6. 关于修订印发《甘肃省人防工程监理行政许可资质管理办法》的通知（甘人防办发〔2020〕93号），甘肃省人民防空办公室，2020年11月11日发布

广东省人防工程资料目录
（胡明智整理）

1.《广东省实施〈中华人民共和国人民防空法〉办法》，1998年7月29日广

东省第九届人民代表大会常务委员会公告第 12 号公布，1998 年 8 月 13 日起施行，2010 年 7 月 23 日修正

2.《广东省人民防空警报通信建设与管理规定》（粤府令第 82 号），广东省人民政府，2003 年 10 月 1 日起施行

3.《高校学生公寓和教师住宅建设项目缴纳人防工程建设费问题》（粤人防〔2004〕73 号），广东省人民防空办公室，2004 年 4 月 5 日

4.《关于明确新建民用建筑修建防空地下室标准的通知》（粤人防〔2010〕23 号），广东省人民防空办公室、广东省发展和改革委员会、广东省物价局、广东省财政厅、广东省住房和城乡建设厅，2010 年 1 月 26 日起实施

5.《关于开展人防工程挂牌管理工作的通知》（粤人防〔2010〕289 号），广东省人民防空办公室

6.《广东省人防工程防洪涝技术标准》（粤人防〔2010〕290 号），广东省人民防空办公室，2010 年 11 月 10 日起实施

7.《关于加强人防工程施工管理的意见》（粤人防〔2012〕105 号），广东省人民防空办公室

8.《广州市人民防空管理规定》，2013 年 8 月 28 日广州市第十四届人民代表大会常务委员会第二十次会议通过，2013 年 11 月 21 日广东省第十二届人民代表大会常务委员会第五次会议批准，2014 年 2 月 1 日起施行

9.《转发国家发改委等四部门关于防空地下室易地建设收费有关问题的通知》（粤人防〔2017〕117 号），广东省人民防空办公室，2017 年 6 月 2 日发布

10.《广东省单建式人防工程平时使用安全管理规定》的通知（粤人防〔2017〕177 号），广东省人民防空办公室，2017 年 8 月 4 日发布

11.《广东省人民防空办公室关于加强人防工程监理监督管理工作的意见》，广东省人民防空办公室，2018 年 3 月 3 日起实施

12.《广东省人防工程维护管理暂行规定》，广东省人民防空办公室，2018 年 10 月 10 日

13.《关于规范结建式人防工程质量安全监督竣工验收备案工作的通知》（粤建质函〔2019〕1255 号），广东省住房和城乡建设厅，2019 年 12 月 2 日发布

14.《广东省人民防空办公室关于人民防空系统行政处罚自由裁量权实施办法》（粤人防〔2017〕127 号），广东省人民防空办公室，2020 年 2 月 26 日起实施

15.《广东省人民防空办公室关于征求规范城市新建民用建筑修建防空地下室意见的公告》（粤人防办〔2020〕72 号），广东省人民防空办公室，2020 年 6 月 19 日发布

16.《关于征求结建式人防工程质量监督工作指引（征求意见稿）意见的公告》（粤建公告〔2020〕62 号），广东省住房和城乡建设厅，2020 年 9 月 27 日发布

17.关于印发《结建式人防工程质量监督工作指引》的通知（粤建质〔2021〕146 号），广东省住房和城乡建设厅，广东省人民防空办公室，2021 年 9 月 14 日发布

18.《广州市地下综合管廊人民防空设计指引》，广州市民防办公室、广州市住房和城乡建设委员会，2017 年 5 月发布

19.《广州市住房和城乡建设局 广州市人民防空办公室关于人防工程设置标志牌的通知》（穗建规字〔2021〕9 号），广州市住房和城乡建设局、广州市人民防空办公室，2021 年 9 月 2 日发布

20. 佛山市人民防空办公室关于印发《防空地下室施工图设计文件审查技术指引（试行）》的通知（佛人防〔2017〕121 号），2017 年 10 月 30 日发布

21.《汕头市人民防空管理办法》，汕头市人民政府办公室，2011 年 2 月 25 日印发

美国防护工程设计标准等资料目录
（陈雷整理）

1.《防核武器设施设计：设施系统工程》（Designing facilities to resist nuclear weapon effects：facilities system engineering），TM 5–858–1，美国陆军部，1983 年 10 月公开

2.《防核武器设施设计：武器效应》（Designing facilities to resist nuclear weapon effects：weapon effects），TM 5–858–2，美国陆军部，1984 年 7 月 6 日公开

3.《防核武器设施设计：结构》（Designing facilities to resist nuclear weapon effects：structures），TM 5–858–3，美国陆军部，1984 年 7 月 6 日公开

4.《防核武器设施设计：隔震系统》（Designing facilities to resist nuclear weapon effects：shock isolation systems），TM 5–858–4，美国陆军部，1984 年 6 月 11 日公开

5.《防核武器设施设计：通风防护，加固，穿透防护，液压波防护设备，电磁脉冲防护设备》（Designing facilities to resist nuclear weapon effects：air entrainment，fasteners，penetration protection，hydraulic–surge protective devices，EMP protective devices），TM 5–858–5，美国陆军部，1983 年 12 月 15 日公开（EMP，the electromagnetic pulse 的简写）

6.《防核武器设施设计：硬度验证》（Designing facilities to resist nuclear weapon effects：hardness verification），TM 5–858–6，美国陆军部，1984 年 8 月 31 日公开

7.《防核武器设施设计：设施支持系统》（Designing facilities to resist nuclear weapon effects：facility support systems），TM 5–858–7，美国陆军部，1983 年 10 月 15 日公开

8.《防核武器设施设计：说明性示例》（Designing facilities to resist nuclear weapon effects：illustrative examples），TM 5–858–8，美国陆军部，1985 年 8 月 14 日公开

9.《设施系统工程：防核武器设施设计》（Facilities system engineering：designing facilities to resist nuclear weapon effects），UFC 3–350–10AN，美国国防部，2009 年 4 月 8 日修订，取代：TM 5–858–1

10.《武器效应：防核武器设施设计》（Weapons effects：designing facilities to resist nuclear weapon effects），UFC 3-350-03AN，美国国防部，2009 年 4 月 8 日修订，取代：TM 5-858-2

11.《结构：防核武器设施设计》（Structures：designing facilities to resist nuclear weapon effects），UFC 3-350-04AN，美国国防部，2009 年 4 月 8 日修订，取代：TM 5-858-3

12.《隔震系统：防核武器设施设计》（Shock isolation systems：designing facilities to resist nuclear weapon effects），UFC 3-350-05AN，美国国防部，2009 年 4 月 8 日修订，取代：TM 5-858-4

13.《通风防护，加固，穿透防护，液压波防护设备，电磁脉冲防护设备：防核武器设施设计》（Air entrainment，fasteners，penetration protection，hydraulic-surge protection devices，and EMP protective devices：designing facilities to resist nuclear weapon effects），UFC 3-350-06AN，美国国防部，2009 年 4 月 8 日修订，取代 TM 5-858-5

14.《硬度验证：防核武器设施设计》（Hardness verification：designing facilities to resist nuclear weapon effects），UFC 3-350-07AN，美国国防部，2009 年 4 月 8 日修订，取代：TM 5-858-6

15.《设施支持系统：防核武器设施设计》（Facility support systems：Designing facilities to resist nuclear weapon effects），UFC 3-350-08AN，美国国防部，2009 年 4 月 8 日修订，取代：TM 5-858-7

16.《说明性示例：防核武器设施设计》（Illustrative examples：designing facilities to resist nuclear weapon effects），UFC 3-350-09AN，美国国防部，2009 年 4 月 8 日修订，取代：TM 5-858-8

17.《促进核设施退役的总体设计标准》（General design criteria to facilitate the decommissioning of nuclear facilities），TM 5-801-10，美国陆军部，1992 年 4 月 3 日公开

18.《防常规武器防护工程设计与分析》（Design and analysis of hardened structures to conventional weapons effects），UFC 3-340-01，美国国防部，2002 年 6 月 30 日公开

19.《防护工程供热、通风与空调设施标准》（Heating，ventilating and air conditioning of hardened installations）UFC3-410-03FA，美国国防部，1986 年 11 月 29 日编制，2007 年 12 月公开

参考文献

[1] 防空地下室设计手册 – 暖通、给水排水、电气分册 [M]. 北京：中国建筑标准设计研究院等，2006.

[2] 丁志斌. 防空地下室给水排水设计施工与维护管理 [M]. 北京：中国建筑工业出版社，2019.

[3] 张瑞龙，袁代光，等. 平战结合人民防空工程设计指南 [M]. 北京：中国建筑标准设计研究院，2014.

[4] 中国建筑设计研究院有限公司. 建筑给水排水设计统一技术措施 2021[M]. 北京：中国建筑工业出版社，2021.

[5] 住房和城乡建设部工程质量安全监管司等. 全国民用建筑工程设计技术措施 – 防空地下室（2009 年版）[M]. 北京：中国计划出版社，2009.

[6] 住房和城乡建设部工程质量安全监管司等. 全国民用建筑工程设计技术措施—给水排水（2009 年版）[M]. 北京：中国计划出版社，2009.